TABLES DE LOGARITHMES

A 27 DÉCIMALES

POUR LES CALCULS DE PRÉCISION

PAR

FÉDOR THOMAN

PARIS

IMPRIMÉ PAR AUTORISATION DE SON EXC. LE GARDE DES SCEAUX

A L'IMPRIMERIE IMPÉRIALE

M DCCC LXVII

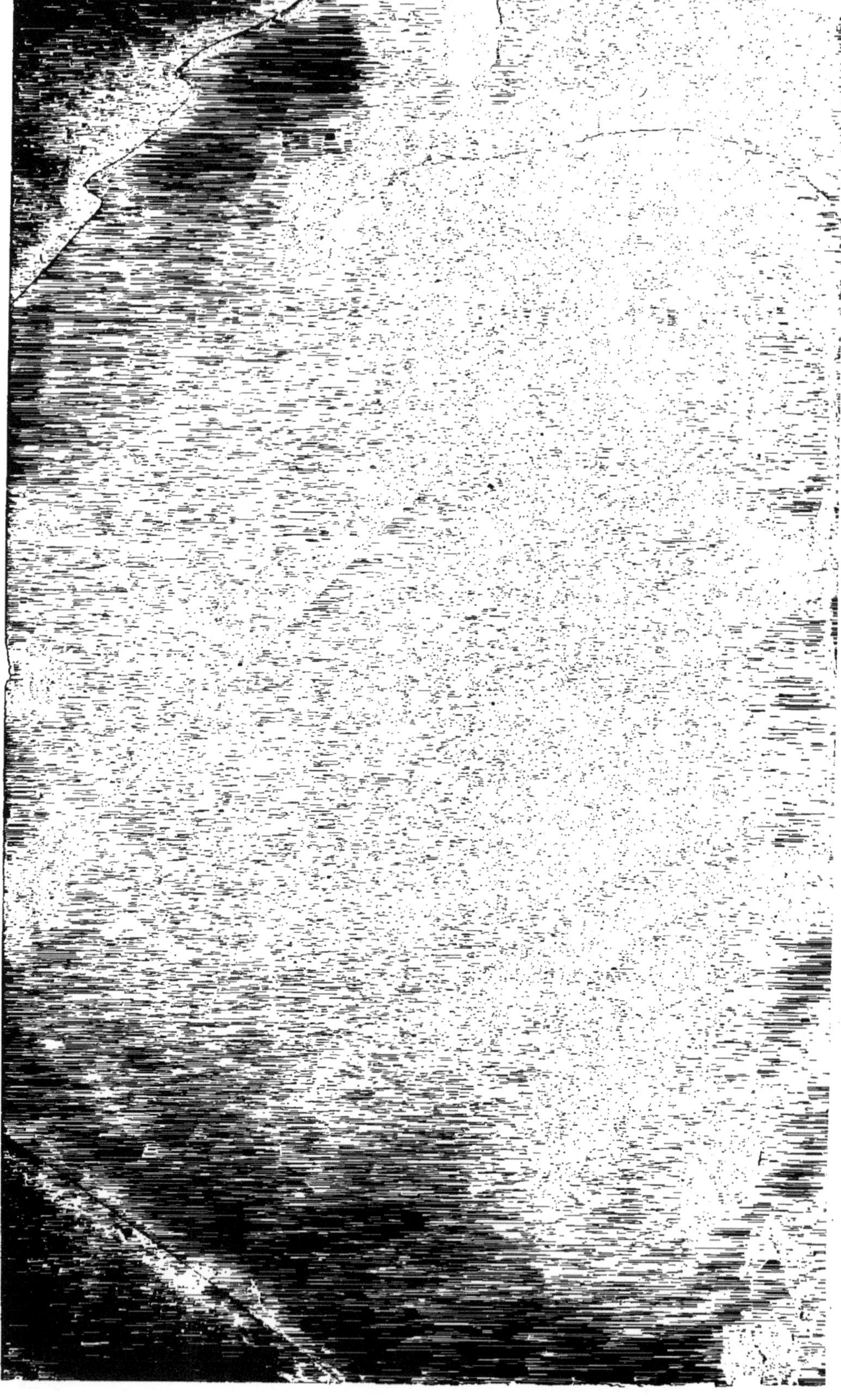

TABLES DE LOGARITHMES

A 27 DÉCIMALES

TABLES DE LOGARITHMES

A 27 DÉCIMALES

POUR LES CALCULS DE PRÉCISION

PAR

FÉDOR THOMAN

PARIS

IMPRIMÉ PAR AUTORISATION DE SON EXC. LE GARDE DES SCEAUX

À L'IMPRIMERIE IMPÉRIALE

———

M DCCC LXVII

1867

I

INTRODUCTION.

Le but de ces tables est de trouver par un procédé facile et simple, *sans division, sans interpolation et sans formule,* le logarithme d'un nombre donné ou le nombre correspondant à un logarithme donné.

Ces tables sont à 27 décimales, et permettent d'obtenir les logarithmes ou les nombres avec toute l'exactitude que l'on désire, jusqu'à 26 chiffres exacts. Pour la plupart des calculs onze à treize chiffres suffisent; je n'ai pris 27 décimales que pour satisfaire à tous les cas exceptionnels qui peuvent se présenter.

DES TABLES DE LOGARITHMES À SEPT DÉCIMALES.

Avant de développer la manière d'employer les tables à 27 décimales, déterminons le degré d'approximation que donnent les tables de logarithmes les plus usitées, les tables à 7 décimales, afin de savoir dans quel cas il faut renoncer à leur emploi.

Ces tables ne peuvent donner dans le cas le plus simple que 6 chiffres exacts, le septième sera douteux: l'inspection des tables à 7 décimales suffit pour en fournir la preuve.

Ainsi, par exemple : pour les nombres compris entre 9 000 000 et 9 999 999, la différence tabulaire varie entre

49 et 43 ; c'est-à-dire, pour cent nombres naturels consécutifs on n'a que 43 ou au plus 49 logarithmes différents ; par conséquent entre 9 000 000 et 9 999 999 il y a toujours deux ou trois nombres consécutifs qui ont le même logarithme ; aussi, parmi les nombres naturels compris entre ces deux limites, y en a-t-il plus de la moitié qu'on ne peut jamais obtenir à l'aide des logarithmes à 7 décimales.

Ainsi par exemple :

$$\left.\begin{array}{l} \log 9780583 \\ \log 9780584 \\ \log 9780585 \end{array}\right\} = 6,9903648$$

Réciproquement, si l'on cherche le nombre dont le logarithme est 6,9903648, on trouve 9780584 ; mais on ne pourra jamais obtenir à l'aide des tables à sept décimales ni le nombre 9780583, ni le nombre 9780585.

En général, tout logarithme contenu dans la table est susceptible d'une erreur par excès ou par défaut d'une demi-unité ; l'interpolation y ajoute une seconde erreur qui peut s'élever également à une demi-unité : par conséquent tout logarithme extrait directement de la table peut être en erreur d'une unité.

Exemple : On demande d'évaluer par les logarithmes

$$x = \frac{321473 \times 819255}{452604 \times 595118}$$

$$\log 321473 = 5,5071446$$
$$\log 819255 = 5,9134192$$
$$\text{comp. } \log 452604 = 4,3442817$$
$$\text{comp. } \log 595118 = 4,2253970$$

$$\log x = 9,9902425$$
$$\text{donc } x = 0,9777831$$

Tous ces logarithmes ont été déterminés avec toute l'exactitude que comportent les tables à sept décimales, et pourtant chacun d'eux est en défaut de près d'une unité.

Le résultat exact est

$$\log x = 9,9902421 \quad \text{et} \quad x = 0,9777822$$

ce qui constitue une erreur de neuf unités du dernier ordre dans le résultat obtenu à l'aide des logarithmes à 7 décimales.

En général, pour trouver avec n décimales le logarithme d'un nombre donné par approximation, il faut connaître les $(n+1)$ premiers chiffres de ce nombre; et réciproquement, si le nombre est demandé avec n chiffres, il faut connaître $(n+1)$ décimales du logarithme.

II

RECHERCHE DU LOGARITHME

PAR LA MÉTHODE DES RÉCIPROQUES APPROCHÉS.

Dans tout logarithme vulgaire on distingue deux parties : le nombre entier ou *caractéristique*, et la partie décimale ou *mantisse*.

La *caractéristique* renferme toujours autant d'unités moins une qu'il y a de chiffres à la partie entière; on l'obtient par la simple inspection du nombre.

La *mantisse*, seule partie du logarithme que l'on inscrive dans les tables, est aussi la seule qu'il faut calculer et dont par conséquent nous ayons à nous occuper.

On sait que la mantisse est complétement indépendante de la position de la virgule décimale dans le nombre; on pourra donc considérer les nombres indépendamment de la position de la virgule; il en sera de même des facteurs auxiliaires par lesquels nous aurons à les multiplier : par conséquent, dans les calculs qui vont suivre, on placera la virgule décimale du nombre dont on cherche le logarithme, ainsi que celles des facteurs, de la manière qui semblera la plus commode, soit pour le raisonnement, soit pour le calcul.

NOTATION.

Pour faire usage de nos tables, nous emploierons une notation qui facilite considérablement le calcul, et qui ne peut donner lieu à aucune équivoque; pour la faire comprendre immédiatement, il suffit d'en donner quelques exemples avec la traduction en regard.

Ainsi $\qquad$ $0{,}0^3 8$ signifie $0{,}0008$

$\qquad\qquad 1{,}0^4 8$ » $1{,}00008$

$\qquad\qquad 1{,}0^4 \overline{8}$ » $1 - 0{,}00008 = 0{,}99992$

Les nombres donnés sous cette forme servent de multiplicateurs; mais les multiplications sont très-faciles.

Pour effectuer la multiplication d'un nombre décimal quelconque par un nombre de la forme $\left(1 \pm \frac{a}{10^n}\right)$, on sépare d'abord du multiplicande les n derniers chiffres, ce qui équivaut à la division par 10^n; puis on multiplie les chiffres qui restent, par le facteur a; le résultat de la multiplication ajouté ou soustrait, suivant le signe de a, donne le produit demandé.

Exemple 1. Soit à multiplier $1{,}00006.55177$ par $1{,}0002$

$$1{,}00006\ 55177 \times 1{,}0^3 2$$
$$2 \qquad 131$$

$$\text{Produit} = 1{,}00026.55308$$

Ex. 2. Multiplier $\qquad 0{,}99997.034567$ par $1{,}00003$

$$0{,}99997.034567 \times 1{,}0^4 3$$
$$2.999911$$

$$\text{Produit} = 1{,}0^6 34478$$

Ex. 3. Multiplier $\quad 1{,}00000.04712{,}516831$ par $0{,}9999996$

$$1{,}0^6 4\ 712.516831 \times 1{,}0^6 \overline{4}$$
$$4 \qquad 1885$$

$$\text{Produit} = 1{,}0^7 712.514946$$

LOGARITHME DE $(1 \pm \theta)$.

Désignons par c la base des logarithmes naturels :

$$c = 2 + \tfrac{1}{2} + \tfrac{1}{2.3} + \tfrac{1}{2.3.4} + \cdots$$

$$c = 2,718281828 4 \ldots,$$

et par k son logarithme vulgaire, $k = \log c = 0,43429\ldots$ (tab. I.) : le nombre k s'appelle le *module* des logarithmes vulgaires.

Lorsqu'un nombre diffère peu de l'unité, soit en plus, soit en moins, de manière que les n premiers chiffres après la virgule décimale soient tous des zéros, ou tous des 9, son logarithme à $2n$ chiffres est égal au *module* multiplié par la fraction décimale qui est la différence entre ce nombre et l'unité, ou

$$\log (1 + \theta) = k\theta$$

et

$$\log (1 - \theta) = -k\theta$$

Ainsi, on trouve avec dix décimales exactes :

$$\log 1,000004 = \quad 0,00000.17372$$

$$\log 0,999996 = -0,00000.17372 = 9,99999.82628$$

La première partie de la table III contient les 110 premiers multiples de k, et donne, soit directement, soit à l'aide d'une simple addition, les logarithmes à $2n$ décimales de tous les nombres composés de l'unité suivie de n zéros au moins, et de tous les nombres commençant par n chiffres 9.

On prendra les chiffres de la fraction décimale deux à deux, et l'on écrira au-dessous le produit par le module, produit qui sera toujours un peu moindre que la moitié du nombre exprimé par les deux chiffres.

Ex. 4. On demande avec 12 décimales log 1,000000.349689

Ce logarithme est égal à $k \times 0,0^6 349689$

$$1,0^6 349689$$

$$\underline{\hphantom{XXXXXXXXXXXXXXXXXXXX}}$$

147660.1 pour 34 (table III)

4169.2 » 96

38.7 » 89

donc log $1,0^6 349689 = 0,0^6 151868$

Ex. 5. On demande avec 12 décimales log 999999650311.

On a $0,999999.650311 = 1 - 0,0^6 349689$; donc son logarithme sera égal à $-k \times 0,0^6 349689$, ou, d'après l'exemple précédent, égal à $-0,0^6 151868$; d'où log $999999650311 = 11,999999.848132$.

Ex. 6. On demande avec 27 décimales le logarithme de :

$$1,0^{14} 112233.44551.09$$

$$\underline{\hphantom{XXXXXXXXXXXXXXXXXXXX}}$$

47772.39300.936

955.44786.019

14.33171.790

1908.957

238.862

473

donc $\log = 0,0^{15} 48742.36607.04$

Ex. 7. On demande avec 27 décimales le logarithme de :

$$0,99999.99999.99998.87766.55448.91$$

Ce nombre est égal à $1 - 0,0^{14} 1.12233.44551.09$; et comme la fraction décimale est égale à celle de l'exemple précédent, mais de signe contraire, le logarithme qu'on cherche sera négatif et égal au logarithme de l'exemple 6. Le logarithme demandé sera donc

$$= -0,0^{15} 48742.36607.04$$

ou $= 9,99999.99999.99999.51257.63392.96$.

Ainsi donc, cette seule table des 100 premiers multiples de k suffit pour donner par de simples additions les logarithmes avec 27 ou avec moins de 27 décimales de 143 trillions (143.10^{12}) de nombres.

RÉCIPROQUES APPROCHÉS.

Puisqu'on connaît directement le logarithme de $(1 \pm \theta)$, lorsque θ est suffisamment petit, il est évident que l'on connaît également le logarithme de tout autre nombre; lorsqu'en le multipliant par un ou plusieurs facteurs compris dans les tables, on obtient un produit de la forme $(1 \pm \theta)$. On y arrive facilement au moyen des *réciproques approchés*.

Deux nombres sont *réciproques* l'un de l'autre, lorsque leur produit est égal à l'unité; ainsi $6,4$ et $0,15625$ sont réciproques, car $6,4 \times 0,15625 = 1$.

Soit a une quantité moindre que l'unité, il résulte de la relation

$$(1 + a)(1 - a) = 1 - a^2$$

que

$$(1 + a)(1 - a) + a^2 = 1$$

donc

$$(1 + a)\left(1 - a + \frac{a^2}{1 + a}\right) = 1 \quad \text{et} \quad (1 - a)\left(1 + a + \frac{a^2}{1 - a}\right) = 1$$

On voit que la somme d'un nombre et de son réciproque est toujours plus grande que 2; mais elle n'en diffère que d'une quantité à peu près égale au carré de a, lorsque celui-ci est petit.

Par conséquent, si a est suffisamment petit, et si d est une quantité moindre que a,

$$(1 + a) \text{ sera le } \textit{réciproque approché} \text{ de } (1 - a + d)$$

et

$$(1 - a) \text{ sera le } \textit{réciproque approché} \text{ de } (1 + a + d)$$

Désignons le nombre par N et son réciproque par R, de manière que NR = 1 ; et soit, par exemple, $a = 0,0003$; le réciproque de 1,0003 sera plus grand que 0,9997 ; mais il n'en diffère que d'une quantité moindre que 0,00000009 ; en effet on a

$$N = 1,0003$$

donc

$$R > 0,9997$$

$$R = 0,9997.0008.9973$$

et

$$N + R = 2,0^7 89973$$

Le produit d'un nombre par son réciproque étant égal à l'unité, il s'ensuit que si l'on multiplie un nombre par son réciproque augmenté ou diminué d'une petite quantité, le produit sera plus grand ou plus petit que l'unité, qu'il sera de la forme $(1 \pm \theta)$, et que la quantité θ sera d'autant plus petite que la différence entre le *réciproque approché* et le réciproque exact sera moindre.

Ainsi, par exemple, le réciproque de 5,3 est 0,188679 et leur produit est égal à l'unité ; si au lieu d'employer pour facteur le réciproque exact 0,188679... on multiplie 5,3 par 0,19 *valeur approchée* du réciproque, on obtient pour produit 1,007.

De même, le réciproque de 1,0008006543 est plus grand que 0,9991993457, et si l'on multiplie ce nombre par 0,9992 ou $1,0^3\overline{8}$, on obtient pour produit $1,0^7138$.

Enfin, comme nous allons le démontrer plus loin, tout nombre peut, à l'aide d'une ou de plusieurs multiplications par des réciproques approchés, être amené à un produit de la forme $(1 \pm \theta)$, dont on trouve directement le logarithme dans la table III.

La question de la recherche des logarithmes se réduit donc à choisir des réciproques approchés qui soient tous compris dans la table.

Il est facile de remplir cette condition à l'aide des considérations suivantes :

I. *Tout nombre multiplié par son réciproque forcé au second chiffre donne pour produit l'unité suivie immédiatement d'un zéro au moins.*

En effet, si l'on s'arrête au second chiffre du réciproque en l'augmentant d'une unité, il est évident qu'on l'aura augmenté de moins d'un dixième de sa valeur; par conséquent en multipliant le nombre par son réciproque forcé, on aura un produit plus grand que 1, mais plus petit que 1,1; donc le premier chiffre décimal du produit sera nécessairement un zéro.

Exemple : Le réciproque de 77 est 1298701; si l'on multiplie 77 par 13, on obtient pour produit 1001.

La table I donne les réciproques de tous les nombres naturels de 1 à 100; pour connaître le réciproque forcé d'un nombre, on prendra dans la colonne intitulée $\left(\frac{1}{a}\right)$ deux nombres consécutifs, l'un plus grand, l'autre plus petit que le nombre donné, abstraction faite de la virgule décimale; puis on multipliera par le plus grand des deux réciproques.

Ainsi, par exemple, étant donné le nombre 27802345, on trouve dans la table que ce nombre est compris

$$\text{entre } 2857\ldots\ldots \text{ réciproque de } 35$$
$$\text{et } 2778\ldots\ldots \text{ réciproque de } 36$$

donc le réciproque de 2780 est compris entre 35 et 36, et en le multipliant par 36, on doit obtenir un produit plus grand que l'unité, mais moindre que 1,1; en effet :

$$3,6 \times 0,27802345 = 1,00088442.$$

II. *Lorsqu'un nombre est composé de l'unité suivie d'une fraction décimale dont les premiers chiffres sont des zéros et qu'on le multiplie par l'unité diminuée de la valeur du premier chiffre significatif, on obtient toujours un produit plus approché de l'unité que le nombre donné.*

Ainsi, par exemple, si les premiers chiffres du nombre donné sont

1,0004.., on le multipliera par son réciproque approché au cinquième chiffre $1,0^3\overline{4}$.

Comme le réciproque de $1,0^3\overline{4}$ ou de 0,9996 est 1,0004001600064, il s'ensuit que si le nombre donné est plus grand que ce réciproque, c'est-à-dire, s'il est compris entre 1,00049999 et 1,00040016, le produit sera plus grand que l'unité, mais il sera toujours plus petit que $1,0^35 \times 1,0^3\overline{4} = 1,00009980$; par conséquent, le produit aura toujours au moins un zéro de plus après la virgule décimale.

On aura par exemple :

$$1,0^349896 \times 1,0^3\overline{4} = 1,0^49876$$
$$1,0^340694 \times 1,0^3\overline{4} = 1,0^5678$$
$$1,0^340094 \times 1,0^3\overline{4} = 1,0^678$$
$$1,0^340024 \times 1,0^3\overline{4} = 1,0^78$$
$$1,0^340017 \times 1,0^3\overline{4} = 1,0^71$$

Enfin, si le nombre donné est moindre que le réciproque de $1,0^34$, c'est-à-dire, s'il est compris entre 1,0004.0016 et 1,0004.0000, le produit sera moindre que l'unité, mais plus grand que $1,0^34 \times 1,0^3\overline{4} = 0,9999.9984$; par conséquent, les zéros seront remplacés par un *nombre au moins double* de chiffres 9; ainsi on aura :

$$1,0^340015 \times 1,0^3\overline{4} = 0,99999999$$
$$1,0^340003 \times 1,0^3\overline{4} = 0,99999987$$

Désignons en général par a la valeur absolue du premier chiffre significatif;

Et par d la valeur de la fraction décimale qui le suit;

Le nombre sera $(1 + a + d)$, et si l'on effectue la multiplication par le réciproque approché $(1 - a)$, le produit sera $[1 + d - a(a + d)]$; par conséquent, le premier chiffre de la fraction décimale sera supprimé, et la fraction décimale qui le suit sera diminuée.

Mais le réciproque de $(1 - a)$ est $\left(1 + a + \dfrac{a^2}{1 - a}\right)$; donc, si d est plus grand que $\dfrac{a^2}{1 - a}$, le nombre $(1 + a + d)$ est plus grand que le réciproque de $(1-a)$, et le produit sera plus grand que l'unité; mais il aura au moins un zéro de plus que $(1+a+d)$, attendu qu'il sera moindre que $(1+d)$.

Exemple :

$$1,00007.26334 \times 1,0^17$$
$$7. \quad \overline{5}1$$
$$\overline{}$$
$$1, \quad 0^5.26283$$

Si d est moindre que $\dfrac{a^2}{1-a}$, le nombre $(1+a+d)$ sera plus petit que le réciproque de $(1-a)$; donc le produit sera compris entre l'unité et $(1+a)(1-a) = 1-a^2$.

Or a est un nombre entier du n^e ordre décimal, compris entre 1 et 9; donc son carré a^2 sera du $2n^e$ ordre décimal et compris entre 1 et 81, et si $(1+a)$ contient $(n-1)$ zéros après la virgule décimale, $(1-a^2)$ contiendra un nombre de 9 au moins double.

Exemple :

$$1,00007.00045 \times 1,0^17$$
$$-7. \quad 49$$
$$\overline{}$$
$$0,99999.99996$$

III. *Lorsqu'un nombre commence par plusieurs chiffres 9 et qu'on le multiplie par l'unité augmentée du complément arithmétique du premier chiffre décimal à la suite des 9, on obtient toujours un produit plus rapproché de l'unité que le nombre donné.*

Ainsi, par exemple, soit le nombre donné $0,9996\ldots\ldots$, on le multipliera par $1,0^34$.

Comme le réciproque de $1,0^34$ est $0,9996001599..$, il s'ensuit que si le nombre donné est plus grand que ce réciproque, c'est-à-dire s'il est compris entre $0,9996.9999$ et $0,9996.0016$, le produit sera plus grand que l'unité, mais il sera plus petit que $0,9997 \times 1,0^34$

$= 1,0^33 \times 1,0^34 = 1,00009988$; par conséquent, on obtiendra pour produit l'unité suivie d'un nombre de zéros plus considérable que le nombre des 9 par lesquels commençait le nombre proposé.

Ainsi, par exemple, on aura avec 8 décimales :

$$0,99965696 \times 1,0^34 = 1,0^45682$$
$$0,99960694 \times 1,0^34 = 1,0^5678$$
$$0,99960094 \times 1,0^34 = 1,0^678$$
$$0,99960024 \times 1,0^34 = 1,0^78$$
$$0,99960016 \times 1,0^34 = 1$$

Enfin, si le nombre donné est moindre que le réciproque de $1,0^3\bar{4}$, c'est-à-dire, s'il est compris entre $0,99960016$ et $0,99960000$, le produit sera moindre que l'unité, mais plus grand que

$$1,0^3\bar{4} \times 1,0^34 = 0,99999984;$$

par conséquent on aura, après la virgule décimale, un nombre de 9 au moins double ; par exemple :

$$0,99960015 \times 1,0^34 = 0,99999999$$

En général, désignons par a le complément du premier chiffre après les 9, et par d la valeur de la fraction décimale qui suit; le nombre sera $(1 - a + d)$, et si l'on effectue la multiplication par le réciproque approché $(1 + a)$, le produit sera

$$1 + d - a\,(a - d)$$

Mais le réciproque de $(1 + a)$ est $\left(1 - a + \dfrac{a^2}{1+a}\right)$; donc, si $d > \dfrac{a^2}{1+a}$, le nombre $(1 - a + d)$ sera plus grand que le réciproque de $(1 + a)$ et le produit sera plus grand que l'unité: en outre, puisque ce produit est moindre que $(1 + d)$, il aura au moins un zéro de plus que le nombre n'avait de 9.

Par conséquent, tous les 9 et le premier chiffre de la fraction décimale a seront supprimés, et la fraction décimale qui les suit sera diminuée de $a\,(a-d)$.

Exemple :

$$0{,}99995.84672 \times 1{,}0^4 5$$
$$4{.}99979$$
$$\overline{1{,}00000.84651}$$

Si $d < \dfrac{a^2}{1+a}$, le nombre $(1-a+d)$ sera moindre que le réciproque de $(1+a)$, et le produit sera moindre que l'unité, mais plus grand que

$$(1-a)(1+a)=1-a^2$$

Donc, si a est un nombre entier du n^e ordre décimal compris entre 1 et 9, son carré a^2 sera du $2n^e$ ordre décimal et compris entre 1 et 81 ; et lorsque $(1-a)$ contient $(n-1)$ chiffres 9 après la virgule décimale, $(1-a^2)$ contiendra un nombre de 9 au moins double.

Exemple :

$$0{,}99995.00021 \times 1{,}0^4 5$$
$$4{.}99975$$
$$\overline{0{,}99999.99996}$$

Les tables II et IV contiennent les logarithmes des nombres de la forme $\left(1+\dfrac{a}{10^6}\right)$, depuis $n=1$ jusqu'à $n=14$; à partir de là on a

$$\log\left(1+\frac{p}{10}\right)=\frac{1}{10}\log(1+p)$$

et

$$\log\left(1-\frac{p}{10}\right)=\frac{1}{10}\log(1-p)$$

par exemple :

$$\log 1{,}0^{13}4 = 0{,}0^{13}17.37177.92761.50$$
$$\log 1{,}0^{14}4 = 0{,}0^{14}\ 1.73717.79276.15$$
$$\log 1{,}0^{15}4 = 0{,}0^{15}\ \ 17371.77927.62$$
$$\log 1{,}0^{16}4 = 0{,}0^{16}\ \ 1737.17792.76$$

En résumé, d'après ce que je viens de démontrer, toute la recherche du logarithme d'un nombre donné se réduit à multiplier successivement le nombre par des *réciproques approchés* au second chiffre significatif, jusqu'à ce qu'on soit arrivé à un produit de la forme $(1 \pm \theta)$, dont on trouve le logarithme par simple addition.

On multiplie d'abord le nombre donné par son *réciproque forcé au second chiffre*; le produit sera un nombre composé de l'unité et d'une fraction décimale commençant par un ou plusieurs zéros; ensuite ce produit multiplié par l'unité diminuée de la valeur du premier chiffre significatif (c'est-à-dire, par son *réciproque approché* au deuxième chiffre significatif) donnera un nouveau produit ayant après la virgule décimale au moins un zéro de plus.

En continuant de procéder ainsi, on finira par obtenir un produit de la forme $(1 + \theta)$ et dont le logarithme est égal à $k\theta$.

Soit N le nombre donné, p son réciproque forcé,

$(1 - a)$, $(1 - b)$, $(1 - c)$, . . . les autres facteurs,

$(-\alpha)$, $(-\beta)$, $(-\gamma)$, . . . leurs logarithmes respectifs,

et soit $(1 + \theta)$ le produit final,

on aura : $$N p (1 - a)(1 - b)(1 - c)\dots = 1 + \theta$$

d'où $$\log N + \log p - (\alpha + \beta + \gamma + \dots) = k\theta,$$

et $$\log N = \text{comp. } \log p + (\alpha + \beta + \gamma + \dots) + k\theta$$

Or, la table I contient les compléments des logarithmes des cent dix premiers nombres naturels;

La table II contient les compléments des logarithmes des nombres de la forme $\left(1 - \dfrac{n}{10^n}\right)$;

Et la première partie de la table III contient les multiples de k.

Par conséquent, au moyen de ces trois tables, il sera toujours facile de trouver le logarithme de tout nombre donné.

Ex. 8. Calculer avec 10 décimales exactes $\log 5882365432$.

En multipliant le nombre donné par son réciproque forcé 17, on obtient pour produit $1,0^5212344$, dont on trouve, table III, le logarithme au moyen d'une simple multiplication par le module.

Voici tout le calcul :

$$58823.65432 \qquad \times 17$$
$$41176.558024$$
$$\overline{1,00000.212344} \qquad = 1 + \theta$$
$$91201.8$$
$$998.9$$
$$19.1$$
$$\overline{,76955.107862} \qquad = \text{comp. log } 17 \text{ (tab. I)}$$
$$\log N = 9,76955.200082$$

Ex. 9. Calculer avec 10 décimales exactes le logarithme de :

$$1,96471598$$

On voit, table I, que le réciproque du nombre donné est moindre que 51; en multipliant le nombre par 51, on obtient pour produit $1,002005\ldots$, qui, multiplié lui-même par son réciproque approché $0,998$ ou $1,0^22$, donnera pour produit final $1,0^511395$ dont on trouve directement le logarithme table III.

Voici tout le calcul :

$$19647.1598 \qquad \times 51$$
$$982357.990$$
$$\overline{1,00200.51498} \qquad \times 1,0^22$$
$$200.40103$$
$$\overline{1,0^5 \qquad .11395} \qquad = 1 + \theta$$
$$47772$$
$$1694$$
$$22$$
$$\overline{4949} \qquad = \log(1 + \theta)$$
$$86.94587 \qquad = - \log 1,0^22 \text{ (tab. II)}$$
$$29242.98239 \qquad = \text{comp. log } 51 \text{ (tab. I)}$$
$$\log N = 0,29329.97775$$

Ex. 10. Calculer le logarithme de 1,00040.01213 avec 12 chiffres exacts.

$$1,00040.01512.130 \times 1,0^3\overline{4}$$
$$4 \qquad 1600.605$$
$$\overline{0,99999.99911.525} = 1-\theta$$
$$\overline{88.475} = \theta$$
$$\overline{38.218}$$
$$206$$
$$\overline{-38.424} = \log(1-\theta)$$
$$0,0^3 17.37525.456 = \text{comp. } \log 1,0^3\overline{4} \text{ (tab. II)}$$
$$\overline{\log N = 0,00017.37487.032}$$

Dans cet exemple, le produit du nombre donné par son réciproque approché $1,0^3\overline{4}$ est moindre que l'unité, par conséquent son logarithme est négatif.

Ex. 11. Déterminer avec 15 décimales log 99999.98234.56789

$$0,99999.98234.567890 \times 1,0^6 2$$
$$1999.999647$$
$$\overline{1,0^7 \,|\, 234.567537} \times 1,0^7\overline{2}$$
$$2 \qquad\qquad 5$$
$$\overline{34.567532} = \theta$$
$$\overline{14.766012}$$
$$243205$$
$$3257$$
$$14$$
$$\overline{0,0^8 \ 15.012488} = \log(1+\theta)$$
$$86.858897 = \text{comp. } \log 1,0^7\overline{2}$$
$$-868.588877 = -\log 1,0^6 2 \text{ (tab. IV)}$$
$$\overline{\log N = 14,99999.99233.282508}$$

Exemple 12. Calculer avec 15 décimales exactes le logarithme de $\pi = 3{,}14159.26535.89793$

$$3141.59265.35897.93 \ \times 3_2$$

$$6283.18530.71795.86$$
$$94247.77960.76937.9$$

$$1{,}00530.96491.48733.76 \ \times 1{,}0^2\overline{5}$$
$$502.65482.45743.6_7$$
$$28.31009.02990.09 \ \times 1{,}0^3\overline{2}$$
$$2 \qquad 566.20180.60$$
$$8.30442.82809.49 \ \times 1{,}0^4\overline{8}$$
$$8. \qquad 66.43542.6_2$$
$$30376.39266.87 \ \times 1{,}0^5\overline{3} \times 1{,}0^7\overline{3}$$
$$3 \quad 3 \qquad 9112.92$$
$$1.13$$

$$76.30152.82 \ = \theta$$

$$33.00638.06$$
$$13028.83$$
$$65.14$$
$$1.22$$
$$1$$

$$33.13733.26 \ = \log(1+\theta)$$
$$130.28834.65$$
$$13028.85400.04$$
$$3.47449.48368.73$$
$$8.68675.83428.58$$
$$217.69192.54274.55$$
$$49485.00216.80094.02$$

$$\log \pi = 0{,}49714.98726.94134$$

Exemple 13. Calculer avec 27 décimales le logarithme
de 0,99999.60003.16699.85562.52434.36 :

$$0,99999.60003.16699.85562.52434.36\times 1,0^{5}4$$
$$39999.84001.26679.94225.01$$

$$1,\ 0^{9}\qquad 3.00701.12242.46659.37\times 1,0^{9}\overline{3}\times 1,0^{12}\overline{7}$$
$$3\qquad 7\qquad\qquad 9.02103.37$$
$$4.91$$

$$1.12233.44551.09\quad = 0$$

$$47772.39300.936\ \ (\text{voir ex. } 6)$$
$$955.44786.019$$
$$14.33171.790$$
$$19108.957$$
$$238.862$$
$$473$$

$$48742.36607.04$$
$$304.00613.73323.83$$
$$1.30288.34459.05188.00$$
$$,99999.82628.25546\ 73358.29942.58\ =\text{comp. } 1,0^{5}4$$

$$\log N = 9.99999.82629.56139.57173.45061.45$$

III

RECHERCHE DU NOMBRE.

Lorsque le logarithme donné est une fraction décimale, *positive* ou *négative*, dont la première moitié au moins est composée exclusivement de zéros, le nombre correspondant est égal à l'unité, plus le logarithme divisé par le module;

$$\text{ainsi, si } \log x = \theta, \text{ on aura } \quad x = 1 + \frac{\theta}{k}$$

$$\text{et si } \log x = -\theta, \text{ on aura } \quad x = 1 - \frac{\theta}{k}$$

Or, puisque $k = 0,43429\ldots$, on a $\frac{1}{k} = 2,30258\ldots$ (voir tab. 1), par conséquent le nombre cherché est un peu plus grand que l'unité augmentée du double du logarithme.

Par exemple si $\log x = 0,00001.$, on a $\quad x = 1,00002.3026$

$$\text{et si } \log x = -0,00001 = 9,99999$$

$$x = -0,00002.3026 = 9,99997.6974$$

La seconde partie de la table III contient les cent dix premiers multiples de $\frac{1}{k}$ et donne soit directement, soit à l'aide d'une simple addition, les nombres à $(2n-1)$ chiffres de tous les logarithmes positifs ou négatifs commençant par n zéros.

On prendra les chiffres deux à deux, en écrivant au-dessous le produit qui est toujours un peu plus grand que le double du nombre exprimé par les deux chiffres. La somme de tous ces produits partiels augmentée de l'unité sera le nombre cherché.

Par exemple, soit $\log x = 0{,}000000.151868$

on trouvera (tab. III)

$$345387.8 \text{ pour } 15$$
$$4144.7 \quad \text{»} \quad 18$$
$$156.6 \quad \text{»} \quad 68$$

donc $x = 1{,}000000.349689$

Pour tout autre logarithme, le calcul du nombre correspondant est très-simple :

Du logarithme donné on retranche celui de la table V, qui s'en approche le plus par défaut; on agit de même pour tous les restes obtenus successivement, en retranchant les plus grands logarithmes de la table IV contenus dans les restes, puis on cherche le produit des nombres correspondant aux logarithmes soustraits.

Il n'est pas nécessaire de continuer le calcul jusqu'à ce que tous les chiffres significatifs soient supprimés. Pour obtenir le chiffre exact à $(2n-1)$ chiffres, on peut cesser la soustraction des logarithmes dès qu'on sera arrivé à un reste commençant par n zéros et dont on trouve directement le nombre correspondant par simple addition.

En résumé, si l'on désigne par x le nombre cherché, par $\log N$, $\log(1+a)$, $\log(1+b)\ldots$, les logarithmes soustraits du logarithme donné et par θ le reste, de manière que

$$\log x = \log N + \log(1+a) + \log(1+b) + \ldots + \theta$$

le nombre cherché sera $x = N(1+a)(1+b)\ldots\left(1+\dfrac{\theta}{k}\right)$

Dans tous ces calculs on ne tient compte que de la mantisse; c'est seulement à la fin du calcul qu'on met la virgule décimale à la place que lui assigne la caractéristique.

Il ne faut pas oublier que pour calculer un nombre avec n chiffres exacts, il faut connaître son logarithme avec $(n+1)$ décimales.

Ex. 14. Calculer avec 11 décimales le nombre dont le logarithme est $= 0{,}49714.9872694$.

Le plus grand logarithme de la table V, contenu dans le logarithme donné, est celui de 31; on retranche du reste les plus grands logarithmes de la table IV jusqu'à ce que le dernier reste contienne au moins six zéros consécutifs.

Ce reste $0,0^6861083$ est le logarithme de $1,0^51982717$, et ce dernier nombre multiplié par les nombres dont on a soustrait les logarithmes donne pour produit :

$$x = 3,1 \times 1,01 \times 1,0^23 \times 1,0^33 \times 1,0^48 \times 1,0^51982717$$

ou $x = 3,14159.265359$,   exact au dernier chiffre.

Voici tout le calcul :

$$
\begin{array}{rl}
\log x = 0,49714.98726.94 & \\
49136.16938.34 & = \log 31 \\
\hline
578.81788.60 & \\
432.13737.83 & = \log 1,01 \\
\hline
146.68050.77 & \\
130.09330.20 & = \log 1,0^23 \\
\hline
16.58720.57 & \\
13.02688.05 & = \log 1,0^33 \\
\hline
3.56032.52 & \\
3.47421.69 & = \log 1,0^48 \\
\hline
8610.83 & \\
\hline
19802.23 & \\
23.03 & \\
1.91 & \\
\hline
1,00000.19827.17 & \times 1,0^48 \\
38. \qquad 1.59 & \times 1,0^33 \\
245.95 & \\
\hline
1,00038.20074.71 & \times 1,0^23 \\
3 \qquad 11460.22 & \\
\hline
1,00338.31534.93 & \times 1,01 \\
1 \quad 3.38315.35 & \\
\hline
1,01341.69850.28 & \times 31 \\
30 \; 40250.95508.4 & \\
\hline
x = 3,14159.265359 & \text{(valeur de } \pi\text{)}
\end{array}
$$

Ex. 15. Combien produit un franc placé pendant 500 ans, l'intérêt étant à 6 o/o payable par semestre?

$$t = 0,03 \quad r = 1,03 \quad n = 1000$$

$$\log r^n = 12,83722.47051.72205.17$$

$$
\begin{array}{ll}
83250.89127.06236.32\ldots & \log 68 \\
471.57924.65968.85 & \\
432.13737.82642.57 & 1,01 \\
39.44186.83326.28 & \\
39.06892.49910.13 & 1,0^39 \\
37294.33416.15 & \\
34743.41957.88 & 1,0^58 \\
2550.91458.27 & \\
2171.47186.66 & 1,0^65 \\
379.44271.61 & \\
347.43557.16 & 1,0^78 \\
32.00714.45 & \\
\hline
73.67272.30 & \\
1634.84 & \\
10.13 & \\
12 & \\
\hline
1,00000.00073.69917.39 & \times 1,0^78 \\
858 \qquad\qquad 59 & \times 1,0^65 \\
43.68 & \times 1,0^58 \\
4698.96 & \\
\hline
1,00000.85873.74660.62 & \times 1,0^39 \\
77.28637.19 & \\
\hline
1,00090.85951.03297.81 & \times 1,01 \\
1 \qquad 90859.51032.98 & \\
\hline
1,01091.76810.54330.79 & \times 68 \\
6,06550.60863.25984.74 & \\
80873.41448.43464.63 & \\
\hline
6,87424.02311.69449.37, & \\
\end{array}
$$

donc le montant de 1 franc est de 6.874240.23169 francs 44ᶜ,94.

NOTE.

C'est surtout dans les calculs d'intérêt composé et d'annuités qu'on a besoin de logarithmes à plus de dix décimales.

Lorsqu'on construit des tables d'intérêt composé, pour être sûr de l'exactitude de tous les termes de la table, il faut calculer chacun au moyen du terme précédent et s'assurer ensuite de l'exactitude de l'ensemble en vérifiant le dernier terme au moyen des logarithmes.

I. Ainsi, pour calculer la *table qui donne le montant de 1 franc au bout d'un certain nombre d'années*, chaque terme multiplié par la raison $r = 1 + t$, donne le terme suivant; le dernier terme doit s'accorder avec la valeur obtenue par les logarithmes.

Si, par exemple, le taux est 4 o/o et qu'on arrête la table à 100 ans, on doit obtenir au dernier terme $r^n = 50{,}504948.184269.4126$.

II. La table qui donne le *montant de 1 franc par an*, se calcule directement en multipliant chaque terme par la raison et en ajoutant l'unité au produit; si x est un terme quelconque de la série et y le terme suivant, on a toujours $y = rx + 1$.

Lorsqu'on est arrivé à la fin de la table, on vérifie le dernier terme au moyen des logarithmes.

La table I peut également servir pour contrôler les termes intermédiaires de la table II; par exemple, si le taux est 4 o/o, on a

$$
\begin{array}{rl}
1 = & 1, \\
 & 04 \\
\hline
2 = & 2{,}04 \\
 & 816 \\
\hline
3 = & 3{,}1216 \\
 & 124864 \\
\hline
4 = & 4{,}246464 \\
 & 169858.56 \\
\hline
5 = & 5{,}416322.56
\end{array}
$$

Or on a trouvé ci-dessus que $r^n = 50{,}504948.18426.94126$; donc puisque $S = \dfrac{r^n - 1}{t}$, le 100ᵉ terme doit être $1237, 623704.606735$. (*Theory of compound interest and annuities with logarithmic tables*, by Fedor Thoman. London, Lockwood and Cᵒ, page 110.)

III. Pour construire la table qui donne la *valeur de 1 franc payable au bout d'un certain nombre d'années*, on commencera par le dernier terme calculé directement à l'aide des logarithmes, puis on le multipliera successivement par la raison en remontant jusqu'au premier terme qui, multiplié par la raison, doit donner pour produit l'unité.

Par exemple, si $t = 4$ o/o, on a au 100e terme (page 28),

$$100 - 0,0198000.401139.20$$
$$7920.016045.57$$
$$\overline{}$$
$$99 - 0,0205920.417184.77$$
$$8236.816687.39$$
$$\overline{}$$
$$98 - 0,0214157.233872.16$$
$$8566.289354.89$$
$$\overline{}$$
$$97 - 0,0222723.523227.05$$
$$8908.940929.08$$
$$\overline{}$$
$$96 - 0,0231632.464156.13$$

IV. Pour construire la table qui donne la *valeur actuelle de l'annuité de 1 franc par an*, on commencera par le dernier terme calculé directement au moyen des logarithmes, puis on multipliera chaque terme par la raison en retranchant chaque fois l'unité du produit.

Soit x un terme quelconque de la série et y le terme suivant ; on a toujours $y = rx - 1$.

Le dernier terme multiplié par la raison doit donner pour produit l'unité. On peut encore se servir de la table II pour vérifier les termes intermédiaires.

Par exemple, si $t = 4$ o/o

$$100 - 24,504998.997151.99$$
$$980199.959886.08$$
$$\overline{}$$
$$99 - 24,485198.957038.07$$
$$979407.958281.52$$
$$\overline{}$$
$$98 - 24,464606.915319.59$$
$$978584.276612.78$$
$$\overline{}$$
$$97 - 24,443191.191932.37$$
$$977727.647677.29$$
$$\overline{}$$
$$96 - 24,420918.839609.66$$

V. Pour construire la table de l'*annuité qui amortit un capital en un certain nombre d'années*, on commencera par la première année et l'on déduira chaque terme du terme précédent d'après la formule qui suit.

Chaque terme doit être le réciproque du terme correspondant de la table IV ; ou encore il doit être égal au taux plus le réciproque du terme correspondant de la table II.

Si l'on désigne par x l'amortissement d'une année quelconque, et par y celui de l'année suivante,

$$\text{on a } x = \frac{t}{r^n - 1} \quad \text{et} \quad y = \frac{t}{r^{n+1} - 1}$$

$$\text{donc } y = \frac{x}{r + x}$$

Cette dernière formule est très-facile à appliquer ; par exemple, si $t = 4$ o/o et $n = 50$, on a

$$x = 0,00655020, \text{ donc } y = \frac{65502}{10465502} = 0,00625885$$

Ex. 16. Étant donné $\log x = 5,99999.92254.881813$, chercher le nombre x. Lorsque la mantisse d'un logarithme donné commence par plusieurs chiffres 9, on abrége considérablement le calcul, en ajoutant à ce logarithme le plus petit logarithme de la table II qui excède le complément de la mantisse.

En effet, ajouter le complément d'un logarithme revient à retrancher le logarithme lui-même; par conséquent l'addition en question n'est autre chose que la soustraction du plus grand logarithme tabulaire.

Ainsi, dans cet exemple, le complément de la mantisse est $0,0^6 77\ldots$, on prendra table II, le plus petit logarithme qui contienne ce complément : ce sera $0,0^6 86\ldots = $ comp. $\log 0,9999998$.

En ajoutant ce dernier complément au logarithme donné, on obtient pour somme $0,0^7 94\ldots$, de manière qu'au moyen d'une seule addition on a supprimé les sept premiers chiffres de la mantisse.

$$
\begin{array}{l}
\log x = ,\,99999.92254.881813 \\
\qquad\qquad\quad 8685.898324 = \text{comp. } \log 1,0^5\overline{2} \\
\hline
0,\quad 0^7\quad 940.780137 \\
\qquad\qquad\quad 868.588877 = \log 1,0^6 2 \\
\hline
0,0^8\; 72.191260 \\
\hline
165.786127 \\
\qquad\quad 437491 \\
\qquad\qquad 2763 \\
\qquad\qquad\;\; 138 \\
\hline
1,0^7\; 166.226519 \times 1,0^6 2 \\
2 \qquad\qquad 33 \\
\hline
1,00000.0216 6.226552 \times 1,0^5\overline{2} \\
2 \qquad\qquad 4332 \\
\hline
x = \quad 99999,82166.22222
\end{array}
$$

Ex. 17. On place chaque année dix millions de francs; combien produiront-ils au bout de 99 ans à 5 o/o?

$$S = \frac{a}{i}\left(r^n - 1\right)$$

$$i = 0,05 \quad r = 1,05 \quad n = 99$$

$$a = 10000000 \quad \frac{a}{i} = 200\,000000$$

$$\log r = 0{,}02118.92990.699381 \quad \text{(tab. VII)}$$

$$21.18929.906994$$

$$\text{donc } \log r^{99} = \quad 2{,}09774.06079.2387$$

$$7918.12460.4762 \quad = \log 12$$

$$1855.93618.7625$$

$$1703.33392.9878 \qquad 1{,}04$$

$$152.60225.7747$$

$$130.09330.2042 \qquad 1{,}0^{23}$$

$$22.50895.5705$$

$$21.70929.7223 \qquad 1{,}0^{35}$$

$$79965.8482$$

$$43429.2310 \qquad 1{,}0^{71}$$

$$36536.6172$$

$$34743.4196 \qquad 1{,}0^{58}$$

$$1793.1976$$

$$1737.1776 \qquad 1{,}0^{64}$$

$$\overline{56.0200}$$

$$\overline{128.94477}$$

$$4605$$

$$\overline{1{,}00000.00128.9908 \times 1{,}0^{64} \times 1{,}0^{58} \times 1{,}0^{71}}$$

$$1.84 \hspace{4em} 1$$

$$330$$

$$8413$$

$$\overline{1.84129.8652 \times 1{,}0^{35}}$$

$$5 \hspace{3em} 92.0649$$

$$\overline{51.84221.9301 \times 1{,}0^{23}}$$

$$3 \hspace{2em} 15552.6658$$

$$\overline{351.99774.5959}$$

$$4 \quad 14.07990.9838$$

$$\overline{1{,}04366.07765.5797 \times 12}$$

$$20873.21553.1159$$

$$r'' = \overline{125{,}239293.186956}$$

montant de 1 franc au bout de 99 ans; de là on déduit
$\frac{a}{i}(r^n - 1) = 24847.858637$ francs 39ᶜ, produit du placement annuel de dix millions de francs pendant 99 ans.

Ex. 18. Calculer la valeur actuelle à 4 o/o de 1 franc payable au bout de 100 ans et la valeur d'une rente de 1 franc payable pendant 100 ans.

$$t = 0,04 \quad r = 1,04 \quad p = \frac{1}{1,04^{100}} \quad \theta = 25(1-p)$$

$$\log r^{100} = 1,70333.39298.78035 \quad \text{(tab. VII)}$$
$$\log p = 8,29666.60701.21965$$

$$
\begin{array}{ll}
27875.36009.52829 & = \log 19 \\
1791.24691.69136 & \\
1703.33392.98780 & 1,04 \\
87.91298.70356 & \\
86.77215.31227 & 1,0^2 2 \\
1.14083.39129 & \\
86858.02780 & 1,0^4 2 \\
27225.36349 & \\
26057.59074 & 1,0^5 6 \\
1167.77275 & \\
868.58888 & 1,0^6 2 \\
299.18387 & \\
260.57668 & 1,0^7 6 \\
\hline
38.60719 & \\
87.498234 & \\
1.381551 & \\
16348 & \\
207 & \\
\hline
1,00000.00088.89634 & \times 1,0^7 6 \times 1,0^6 2 \times 1,0^5 6 \times 1,0^1 2 \\
2.626 \quad\quad 1 & \\
14 & \\
1613 & \\
1.25378 & \\
\hline
1,00002.62690.16640 & \times 1,0^2 2 \\
2 \quad\quad 525.38033 & \\
\hline
1,00202.63215.54673 & \times 1,04 \\
4 \quad 8.10528.62187 & \\
\hline
1,04210.73744.16860 & \times 19 \\
93789.66369.75174 & \\
\hline
\end{array}
$$

$$p = 0,01980.00401.13920.34 \quad \text{Valeur actuelle de 1 franc.}$$
$$1 - p = 0,98019.99598.86079.66 \quad \text{Escompte à déduire}$$
$$\theta = 24,50499.89971.51991 \quad \text{Valeur de 1 franc par an.}$$

Ex. 19. Déterminer 9^{9^9}, plus grand nombre que l'on puisse exprimer avec trois chiffres. Soit

$$x = 9^{9^9}$$

donc $\qquad \log x = 9 \cdot 9 \cdot 9 \cdot 9 \cdot 9 \cdot 9 \cdot 9 \cdot 9 \cdot 9 \ \log 9$

et puisque $\log 9 = 0{,}95424 . 25094 . 39324 . 87459 . 00558 . 07$

$\qquad \log x = 369 \ 693099, \ 63157 . 03587 . 43543 . 095$

En cherchant les 15 premiers chiffres du nombre, on a :

$$
\begin{aligned}
&,63157 . 03587 . 435431 \\
&62324 . 92903 . 979005 = \log 42 \\
&832 . 10683 . 456426 \\
&432 . 13737 . 826426 \qquad 1{,}01 \\
&399 . 96945 . 630000 \\
&389 . 11662 . 369105 \qquad 1{,}0^2 9 \\
&10 . 85283 . 260895 \\
&8 . 68502 . 116490 \qquad 1{,}0^3 2 \\
&2 . 16781 . 144405 \\
&1 . 73714 . 318498 \qquad 1{,}0^4 4 \\
&43066 . 825907 \\
&39086 . 327483 \qquad 1{,}0^5 9 \\
&3980 . 498424 \\
&3908 . 648578 \qquad 1{,}0^6 9 \\
\hline
&71 . 849846 \\
\hline
&163 . 4835416 \\
&1 . 9341715 \\
&225653 \\
&1059 \\
\hline
&1{,}00000 . 00165 . 440384 \qquad \times 1{,}0^6 9 \times 1{,}0^5 9 \\
&\phantom{1{,}00000 . 00165}99 149 \\
&\phantom{1{,}00000 . 00165 . 4}82489 \\
\hline
&1{,}00000 . 99165 . 523022 \qquad \times 1{,}0^4 4 \\
&\phantom{1{,}00000 . }4 3 . 966621 \\
\hline
&1{,}00004 . 99169 . 489643 \qquad \times 1{,}0^3 2 \\
&\phantom{1{,}00004 . 9}2 99 . 833898 \\
\hline
&1{,}00024 . 99269 . 323541 \qquad \times 1{,}0^2 9 \\
&\phantom{1{,}00024 . 9}9 . 22493 . 423912 \\
\hline
&1{,}00925 . 21762 . 747453 \qquad \times 1{,}01 \\
&\phantom{1{,}00}1009 . 25217 . 627475 \\
\hline
&1{,}01934 . 46980 . 374928 \qquad \times 42 \\
&20 \ 38689 . 39607 . 49856 \\
\hline
&21{,}40623 . 86587 . 87349 \\
&x = 42 \ 81247 . 73175 \ 747 \ldots
\end{aligned}
$$

Par conséquent, le nombre x qui est un nombre entier, s'écrit avec 369 693 100 chiffres dont les 15 premiers sont 428 124 773 175 747, et si ce nombre était écrit sur une seule ligne à 4 chiffres par centimètre, sa longueur serait de plus de 924 kilomètres.

Ex. 20. Déterminer le nombre dont le logarithme est

$$9,99999.82629.56139.57173.4506145$$

Le complément du logarithme donné étant $0,0^5 173704..$, on ajoutera à ce logarithme le plus petit logarithme de la table II qui contienne ce complément;

C'est $0,0^5 173718. = $ comp. log $1,0^5 \overline{4}$.

```
  9,99999.82629.56139.57173.4506145
       17371.81401.97812.7513361
    ───────────────────────────────
          1.37541.54986.2019506
          1.30288.34455.1432297      1,0⁹3
            7253.20531.0587209
            4342.94481.9010804        1,0¹⁰1
            2910.26049.1576405
            2605.76689.1411694        1,0¹¹6
             304.49360.0164711
             304.00613.7332170        1,0¹²7
          ─────────────────────
               48746.2832541
          ─────────────────────
            1.10524 08446.371
              1703.91296.882
               14.27602.758
                191 1 1.456
                   57.565
                      944
  ──────────────────────────────────
  1,00000.00000.00001.12242.46515.98
           3.167                    1
                            42.07
                           670.11
                         50103.37
  ──────────────────────────────────
  1,00000.00003.16701.12242.97331.54   ×1,0⁵4̄
           4          1.26680.44897.19
  ──────────────────────────────────
x = 0,99999.60003.16699.85562.52434.35
```

Ce nombre est exact à moins d'une unité du dernier ordre.

On peut remarquer que c'est précisément le nombre dont on a calculé le logarithme, exemple 13, et que les deux opérations, en donnant des résultats entièrement concordants, se vérifient mutuellement.

IV

SOMMATION DES LOGARITHMES.

Les formules qui suivent, servent à calculer très-rapidement la somme d'un grand nombre de logarithmes.

Les *Nombres de Bernoulli,* qui entrent comme facteurs dans ces formules, jouent conjointement avec les deux nombres analytiques

e base des logarithmes naturels, et

π rapport de la circonférence au diamètre,

un rôle très-important dans toute l'analyse.

En effet, ils se présentent dans un grand nombre de développements en séries, dans les formules logarithmiques et trigonométriques, dans la sommation des séries algébriques ou transcendantes, dans le développement des intégrales définies et des intégrales aux différences finies.

Ils sont les coefficients de x dans les sommes des puissances paires des nombres naturels, depuis 1 jusqu'à x; par exemple:

$$1 + 2^2 + 3^2 + \cdots + x^2 = \frac{x^3}{3} + \frac{x^2}{2} + \frac{x}{6}$$

$$1 + 2^4 + 3^4 + \cdots + x^4 = \frac{x^5}{5} + \frac{x^4}{2} + \frac{2x^3}{6} - \frac{x}{30}$$

$$1 + 2^6 + 3^6 + \cdots + x^6 = \frac{x^7}{7} + \frac{x^6}{2} + \frac{3x^5}{6} - \frac{x^3}{6} + \frac{x}{42}$$

$$1 + 2^8 + 3^8 + \cdots + x^8 = \frac{x^9}{9} + \frac{x^8}{2} + \frac{4x^7}{6} - \frac{7x^5}{15} + \frac{2x^3}{9} - \frac{x}{30}$$

En désignant par $\mathfrak{A}$, $\mathfrak{B}$, $\mathfrak{C}$, $\mathfrak{D}$,..... les nombres de Bernoulli, par n, $\underset{2}{n}$, $\underset{3}{n}$... les coefficients du binôme de Newton, de manière que

$$\left(1 + a\right)^n = 1 + na + \underset{2}{n}a^2 + \underset{3}{n}a^3 + \cdots$$

et en posant successivement $n = 2, 4, 6, 8 \ldots$, on trouve facilement la valeur numérique des nombres de Bernoulli, au moyen de l'équation

$$\frac{n-1}{n+1} = \mathfrak{A}\, n - \frac{1}{2}\mathfrak{B}\, n + \frac{1}{3}\mathfrak{C}\, n - \frac{1}{4}\mathfrak{D}\, n + \cdots$$

Ces nombres sont tous rationnels, positifs et fractionnaires; voici les douze premiers:

$$\mathfrak{A} = \frac{1}{6} \qquad \mathfrak{D} = \frac{1}{30} \qquad \mathfrak{G} = \frac{7}{6} \qquad \mathfrak{K} = \frac{174611}{330}$$

$$\mathfrak{B} = \frac{1}{30} \qquad \mathfrak{E} = \frac{5}{66} \qquad \mathfrak{H} = \frac{3617}{510} \qquad \mathfrak{L} = \frac{854513}{138}$$

$$\mathfrak{C} = \frac{1}{42} \qquad \mathfrak{F} = \frac{691}{2730} \qquad \mathfrak{I} = \frac{43867}{798} \qquad \mathfrak{M} = \frac{236364091}{2730}$$

(*Comptes rendus de l'Académie des sciences*, 14 mai 1860.)

1

SOMME DES LOGARITHMES DES NOMBRES EN PROGRESSION ARITHMÉTIQUE.

(Comptes rendus de l'Académie des sciences, 9 novembre 1863 [1].)

$$S = \log a + \log (a + \omega) + \log (a + 2\omega) + \ldots + \log (a + n\omega)$$

Soit $b = (a + n\omega)$; et soit k le module des logarithmes, on aura :

$$S = \frac{1}{\omega}(b \log b - a \log a) - nk + \frac{1}{2} \log ab - \frac{k\omega}{2}\left(\frac{1}{a} - \frac{1}{b}\right) + \frac{k\omega^3}{3\cdot 4}\left(\frac{1}{a^3} - \frac{1}{b^3}\right)$$
$$- \frac{k\omega^5}{5\cdot 6}\left(\frac{1}{a^5} - \frac{1}{b^5}\right) + \ldots$$

ou $S = \dfrac{b}{\omega} \log b - \dfrac{a}{\omega} \log a - nk + \dfrac{1}{2} \log ab - \dfrac{kn\omega^2}{12ab} + \dfrac{k\omega^3}{360}\left(\dfrac{1}{a^3} - \dfrac{1}{b^3}\right) - \ldots$

Ex. 21. Déterminer la somme des 1001 logarithmes

$$\log 17000 + \log 17003 + \log 17006 + \ldots + \log 20000$$

$a = 17000$	$\frac{b}{3} \log b = 28673, 53330.442655$
$b = 20000$	$-\frac{a}{3} \log a = 23972, 54388.781022$
$n\omega = 3000$	$- \quad nk = -\ 434, 29448.190325$
$\omega = 3$	$+\frac{1}{2} \log ab = \quad 4, 26573.945852$
$n = 1000$	$-\dfrac{3k}{1360000} = \qquad\qquad -95800$

$$S = 4270, 96067.321360$$

Ex. 22. Déterminer la somme des 1101 logarithmes

$$\log 17000 + \log 17002\tfrac{8}{11} + \log 17005\tfrac{5}{11} + \ldots + \log 20000$$

$n\omega = 3000$	$31540,88663.486920$
$\omega = \dfrac{30}{11}$	$-\ 26369,79827.659124$
$n = 1100$	$-\quad 477,72393.009358$
	$+\quad\ \ 4,26573.945852$
	$\qquad\qquad -87091$

$$S = 4697,63016.677199$$

---

[1] Le cadre restreint de cet ouvrage ne m'a pas permis de donner ici le développement des formules générales de la sommation des séries, mais j'ai toujours indiqué les comptes rendus de l'Académie des sciences où l'on peut trouver ces développements.

II

LOGARITHMES DES FACTORIELLES, OU SOMMES DES LOGARITHMES DES NOMBRES NATURELS DE 1 À x.

$$S = \log(1 . 2 . 3 . 4 \ldots x)$$

$$S = \left(x - \frac{1}{2}\right) \log x + \frac{1}{2} \log 2\pi - kx + \frac{\mathfrak{A}k}{2x} - \frac{\mathfrak{B}k}{3 . 4x^3} + \frac{\mathfrak{C}k}{5 . 6x^5} \cdots$$

ou $$S = \left(x - \frac{1}{2}\right) \log x + \frac{2}{1} \log 2\pi - kx + \frac{k}{12x} - \frac{k}{360x^3} + \frac{k}{1260x^5} - \cdots$$

Ex. 23. Calculer la somme des logarithmes de tous les nombres naturels depuis 1 à 579.

$$
\begin{aligned}
x &= 579 & 579,5 \log 579 &= 1600,9722277 \\
\log x &= 2,76267.85637 & \tfrac{1}{2} \log 2\pi &= 0,3990899 \text{ (tab. VII)} \\
& & -kx &= -251,4569050 \\
& & +\tfrac{k}{12x} &= +.625 \\
\hline
& & \log(1 . 2 . 3 . 4 \ldots 579) &= 1349,9148741
\end{aligned}
$$

Ex. 24. Calculer la somme de tous les logarithmes de 1 à 100000.

$$
\begin{aligned}
x &= 100000 \\
\log x &= 5 \\
& 500002,5 \\
& 0,39908.99341.79057.52478.25035.92 \\
& -43429,44819.03251.82765.11289.18916.61 \\
& +3619.12068.25270.98563.76 \\
& 120.63735.61 \\
\hline
S &= 456573,45089.99709.08360.66339.40947.46
\end{aligned}
$$

Ex. 25. Calculer avec 25 chiffres exacts $\log(1 . 2 . 3 \ldots 100)$

$$
\begin{aligned}
x &= 100 \\
\log x &= 2 \\
& 201,39908.99341.79057.52478.25035.92 \\
& -43,42944.81903.25182.76511.28918.92 \\
& +36.19120.68252.70985.63759.41 \\
& -12.06373.56084.23661.88 \\
& +34.46781.60240.68 \\
& -258.50862.02 \\
& +3655.68 \\
& -83 \\
\hline
S &= 157,97000.36547.15788.37391.49248.04 \text{ (tab. VI)}
\end{aligned}
$$

III

SOMME DES LOGARITHMES ALTERNATIVEMENT POSITIFS ET NÉGATIFS.

LE DERNIER TERME ÉTANT POSITIF.

(*Comptes rendus de l'Académie des sciences*, 25 mars 1867.)

$$S = \log a - \log(a + \omega) + \log(a + 2\omega) - \ldots + \log(a + n\omega),$$

$$S = \tfrac{1}{2}\log ab - \frac{2^2 - 1}{(2)}\mathfrak{A}k\omega\left(\frac{1}{a} - \frac{1}{b}\right) + \frac{2^4 - 1}{3\cdot 4}\mathfrak{B}k\omega^3\left(\frac{1}{a^3} - \frac{1}{b^3}\right)$$

$$- \frac{2^6 - 1}{5\cdot 6}\mathfrak{C}k\omega^5\left(\frac{1}{a^5} - \frac{1}{b^5}\right) + \ldots,$$

$$\text{ou}\quad S = \tfrac{1}{2}\log ab - \frac{k\omega}{4}\left(\frac{1}{a} - \frac{1}{b}\right) + \frac{k\omega^3}{24}\left(\frac{1}{a^3} - \frac{1}{b^3}\right) - \frac{k\omega^5}{20}\left(\frac{1}{a^5} - \frac{1}{b^5}\right) + \ldots$$

Ex. 26. Calculer $y = \dfrac{246 \cdot 264 \cdot 282 \cdots 426 \cdot 444}{255 \cdot 273 \cdot 291 \cdots 435}$

$$a = 246 \quad \log a = 2,390351$$

$$b = 444 \qquad\qquad\qquad \tfrac{1}{2}\log ab = 2,5191590$$

$$\omega = \quad 9 \quad \log b = 2,6473830 \qquad -\frac{99k}{24272} = - \quad 17714$$

$$+7$$

$$\overline{\qquad\qquad\qquad\qquad}$$

$$\log y \quad = 2,5173883$$

$$y \quad = 329,1458$$

Ex. 27. $S = \log 17000 - \log 17003 + \log 17006 - \ldots + \log 20000$

$$\text{(Voir exemple 21.)}$$

$$a = 17000$$

$$b = 20000 \qquad\qquad 4,26573.94585.21127.56$$

$$\omega = \quad 3 \qquad\qquad\quad - \quad 28740.07600.83$$

$$+38.37$$

$$\overline{\qquad\qquad\qquad\qquad}$$

$$S = 4,26573.65845.13565.10$$

Ex. 28. $\log 17000 - \log 17002\tfrac{8}{11} + \log 17005\tfrac{5}{11} - \ldots + \log 20000$

$$\omega = \frac{30}{11} \qquad\qquad 4,26573.94585.21127.56$$

$$- \quad 26127.34182.57$$

$$+28.83$$

$$\overline{\qquad\qquad\qquad\qquad}$$

$$S = 4,26573.68457.86973.82$$

IV

$$S = \log 1 - \log 2 + \log 3 - \ldots + \log x$$

$$S = \tfrac{1}{2}\log x - \tfrac{1}{2}\log\frac{\pi}{2} + \frac{2^2-1}{2}\cdot\frac{2k}{x} - \frac{2^4-1}{3\cdot 4}\cdot\frac{6k}{x^3} + \frac{2^6-1}{5\cdot 6}\frac{6k}{x^5} + \cdots$$

$$S = \tfrac{1}{2}\log x - \tfrac{1}{2}\log\frac{\pi}{2} + \frac{k}{4x} - \frac{k}{24x^3} + \frac{k}{20x^5} - \frac{17k}{112x^7} + \cdots$$

Ex. 29. Calculer $y = \dfrac{1\cdot 3\cdot 5\cdot 7\cdots 997\cdot 999}{2\cdot 4\cdot 6\cdot 8\cdots 998}$

$x = 999$

$\log x = \quad 2{,}99956\ 5488$ (tab. II) $\qquad \tfrac{1}{2}\log x = 1{,}4997827$

$$-\tfrac{1}{2}\log\frac{\pi}{2} = -0{,}0980599 \text{ (tab. VII)}$$

$$+\frac{k}{4x} = \qquad\qquad 1087$$

$$\overline{\qquad\qquad\qquad\qquad}$$

$$\log y = 1{,}4018315$$
$$y = 25{,}22502$$

Ex. 30. $S = \log 1 - \log 2 + \log 3 - \ldots + \log 3001$

$x = 3001$

$\log x = \quad 3{,}47726.59954.24852.62460.29421.60$

$\tfrac{1}{2}\log x = \quad 1{,}73863.29977.12426.31$

$\qquad\qquad -9805.99385.15076.33$

$\qquad\qquad +3.61791.47109.57$

$\qquad\qquad\qquad -669.54$

$$\overline{\qquad\qquad\qquad\qquad\qquad}$$

$S = 1{,}64060.92383.43790.01$

V

SOMME DES LOGARITHMES ALTERNATIVEMENT POSITIFS ET NÉGATIFS.

LE DERNIER TERME ÉTANT NÉGATIF.

(*Comptes rendus de l'Académie des sciences*, 25 mars 1867.)

$$S = \log a - \log(a+\omega) + \log(a+2\omega) - \ldots - \log(a+n\omega),$$

$$S = \tfrac{1}{2}\log\frac{a}{b} - \frac{2^2-1}{2}\,\mathfrak{A}k\omega\left(\frac{1}{a}+\frac{1}{b}\right) + \frac{2^3-1}{3\cdot4}\,\mathfrak{B}k\omega^3\left(\frac{1}{a^3}+\frac{1}{b^3}\right)$$
$$- \frac{2^5-1}{5\cdot6}\,\mathfrak{C}k\omega^5\left(\frac{1}{a^5}+\frac{1}{b^5}\right) + \cdots$$

$$\text{ou}\quad S = \tfrac{1}{2}\log\frac{a}{b} - \frac{k\omega}{4}\left(\frac{1}{a}+\frac{1}{b}\right) + \frac{k\omega^3}{24}\left(\frac{1}{a^3}+\frac{1}{b^3}\right) - \frac{k\omega^5}{20}\left(\frac{1}{a^5}+\frac{1}{b^5}\right) + \cdots$$

Ex. 31. Calculer $y = \dfrac{3861\cdot3871\cdot3881\cdots6001}{3866\cdot3876\cdot3886\cdots6006}$

$$a = 3861 \qquad \log a = 3,5866998 \qquad \tfrac{1}{2}\log\frac{a}{b} = 9,9040572$$
$$b = 6006 \qquad \log b = 3,7785853 \qquad\qquad\qquad\qquad -2310$$
$$\omega = \quad 5$$

$$\log y = 9,9038262$$
$$y = 0,8013573$$

Ex. 32. Calculer $y = \dfrac{1815\cdot1829\cdots4993}{1822\cdot1836\cdots5000}$

$$a = 1815$$
$$b = 5000$$
$$\omega = \quad 7 \qquad\qquad \tfrac{1}{2}\log\frac{a}{b} = 9,77995.33125.18056.25939.77$$
$$\qquad\qquad\qquad\qquad\qquad -57.07443.04661.00904.79$$
$$\frac{a}{b} = 0,363 \qquad\qquad\qquad +10.87749.81921.12$$
$$\qquad\qquad\qquad\qquad\qquad\qquad -18.64618.75$$
$$= \frac{3\cdot11^2}{10^3} \qquad\qquad\qquad\qquad +83.74$$

$$\log y = 9,77938.25693.01126.42421.09$$
$$y = 0,60170.35437.67086.00395.39$$

VI

SOMME DES LOGARITHMES DES NOMBRES NATURELS ALTERNATIVEMENT POSITIFS ET NÉGATIFS.

LE DERNIER TERME ÉTANT NÉGATIF.

$$S = \log 1 - \log 2 + \log 3 - \ldots - \log x$$

$$S = \tfrac{1}{2}\log x + \tfrac{1}{2}\log \frac{\pi}{2} + \frac{2^2-1}{2}\frac{\mathfrak{A}k}{x} - \frac{2^4-1}{3\cdot 4}\frac{\mathfrak{B}k}{x^3} + \frac{2^6-1}{5\cdot 6}\cdot\frac{\mathfrak{C}k}{x^5} - \ldots$$

$$-S = \tfrac{1}{2}\log x + \tfrac{1}{2}\log \frac{\pi}{2} + \frac{k}{4x} - \frac{k}{24x^3} + \frac{k}{20x^5} - \ldots$$

Ex. 33. On demande $y = \dfrac{1\cdot 3\cdot 5\cdots 997\cdot 999}{2\cdot 4\cdot 6\cdots 998\cdot 1000}$

$$x = 1000 \qquad\qquad \tfrac{1}{2}\log x = 1,5$$

$$\log x = 3 \qquad\qquad \tfrac{1}{2}\log\frac{\pi}{2} = 0,0980599 \quad \text{(tab. VII)}$$

$$1086$$

$$S = -1,5981685$$

$$\log y = 8,4018315$$

$$y = 0,02522502$$

Ainsi, pour évaluer y avec 8 chiffres exacts, il n'a fallu calculer qu'un seul terme.

On voit que la mantisse du logarithme est égale à celle de l'exemple 29.

Ex. 34. $S = \log 1 - \log 2 + \log 3 - \ldots - \log 3000$

$$\tfrac{1}{2}\log 3000 = 1,73856.06273.59831.22$$

$$\tfrac{1}{2}\log\frac{\pi}{2} = 0,09805.99385.15076.33$$

$$\frac{k}{4x} = 3.61912.06825.27$$

$$\frac{k}{24x^3} = -670.21$$

$$-S = 1.83665.67570.81062.61$$

Dans l'exemple 30, on a trouvé pour somme des 3001 logarithmes positifs et négatifs $S = +1,64061$; en retranchant de cette somme la valeur qu'on vient d'obtenir $S = -1,83665\ldots$, on trouve pour différence

$$3,47726.59954.24852.62$$

mais c'est le logarithme de 3001 exact au dernier chiffre ; par conséquent les deux résultats sont vérifiés l'un par l'autre.

AD. II.

SOMME DES LOGARITHMES DES NOMBRES PAIRS OU DES NOMBRES IMPAIRS

COMPRIS ENTRE 1 ET $2x$.

De la valeur de $S = \log (1.2.3\ldots x)$, formule II, on déduit directement la somme des logarithmes des *nombres pairs* : $\log (2.4.6\ldots 2x) = S + x \log 2$; puis en retranchant cette dernière valeur de celle de $\log (1.2.3\ldots 2x)$, il reste la valeur de $\log [1.3.5.7\ldots(2x-1)]$, somme des log. des *nombres impairs*.

1. — SOMME DES LOGARITHMES DES NOMBRES PAIRS DE 1 A $2x$

$$P = \left(x+\tfrac{1}{2}\right)\log 2x + \tfrac{1}{2}\log \pi - kx + \frac{k}{12x} - \frac{k}{360x^3} + \frac{k}{1260x^5} - \cdots$$

Ex. 35. Calculer à 20 décimales la somme des logarithmes des *nombres pairs* de 1 à 10000.

$$2x = 10000$$

$$
\begin{aligned}
& 20002, \\
\log 2x = {}& 4 \qquad 0,24857.49363.47066.92717.56 = \tfrac{1}{2}\mathrm{l}.\pi,\ \mathrm{t.\,VII} \\
&\quad -2171,47240.95162.59138.25564.46 \\
&\qquad +72382.41365.05419.71 \\
&\qquad\qquad -9.65098.85 \\
&\qquad\qquad\qquad +1 \\
\hline
P = {}& 17230,77617.26583.29284.07473.97
\end{aligned}
$$

2. — SOMME DES LOGARITHMES DES NOMBRES IMPAIRS DE 1 À $2x$.

$$I = x \log 2x + \tfrac{1}{2}\log 2 - kx - \frac{k}{12\cdot(2x)} + \frac{7k}{360\cdot(2x)^3} - \frac{31k}{1260\cdot(2x)^5} + \cdots$$

Ex. 36. Calculer à 20 décimales la somme des logarithmes des *nombres impairs* de 1 à 10000.

$$
\begin{aligned}
&\quad 20000, \\
&\qquad 0,15051.49978.31990.59760.69 = \tfrac{1}{2}\log 2,\ \mathrm{tab.\ VII.} \\
&\ -2171,47240.95162.59138.25564.46 \\
&\qquad -39191.20682.52709.86 \\
&\qquad\quad +8.44461.49 \\
&\qquad\qquad -1 \\
\hline
I = {}& 17828,67810.18624.52178.25947.85
\end{aligned}
$$

En additionnant les deux sommes que nous venons d'obtenir, on aura

$$P + I = 35659,45427.45207.81462.334218$$

ce qui est la somme des logarithmes de tous les nombres naturels depuis 1 jusqu'à 10000.

TABLES.

I

RECHERCHE DU LOGARITHME.

RÉCIPROQUES ET LOGARITHMES DES RÉCIPROQUES DES NOMBRES NATURELS DE 1 À 110.

a	$\frac{1}{a}$	$\mathrm{Log}\left(\frac{1}{a}\right)$	a	$\frac{1}{a}$	$\mathrm{Log}\left(\frac{1}{a}\right)$
11	9091	95860.73148.41774.95924.98000.29	31	3226	50863.83061.65727.32033.32959.00
12	8333	92081.87539.52375.17227.74943.07	32	3125	49485.00216.80094.02393.13055.20
13	7692	88605.66476.93163.23079.34948.42	33	3030	48148.60601.22112.52195.47721.20
14	7143	85387.19643.21761.97407.40448.47	34	2941	46852.10829.57744.87624.60912.1
15	6667	82390.87409.44318.75791.87109.91	35	2857	45593.19556.49724.36450.15226.30
16	625	79588.00173.44075.21914.50444.21	36	2778	44369.74992.32712.73498.24664.04
17	5882	76955.10786.21726.07145.98301.06	37	2703	43179.82759.33005.00319.15493.10
18	5556	74472.74948.96693.93019.62052.99	38	2632	42021.64033.83189.84324.99276.30
19	5263	72124.63990.47171.03846.36665.24	39	2564	40893.53929.73500.79349.84669.39
20	5	69897.00043.36018.80478.62611.05	40	25	39794.00086.72037.60957.25222.1
21	4762	67778.07052.66080.73199.27558.38	41	2439	38721.61432.80264.50549.05881.50
22	4545	65757.73191.77793.76403.60611.34	42	2381	37675.07096.02099.53677.90169.43
23	4348	63827.21639.82407.12113.22228.88	43	2326	36653.15444.20413.47359.49118.47
24	4167	61978.87582.88393.97706.37554.13	44	2273	35654.73235.13812.56882.23222.39
25	4	60205.99913.27962.39042.74777.89	45	2222	34678.74862.24656.32062.38630.85
26	3846	58502.66520.29182.03557.97559.47	46	2174	33724.21683.18425.92591.84839.93
27	3704	56863.62358.41012.68811.49162.90	47	2128	32790.21420.64282.53558.57806.01
28	3571	55284.19686.57780.77886.03059.52	48	2083	31875.87626.24412.78185.09165.18
29	3448	53760.20021.01043.91266.71532.37	49	2041	30980.39199.71486.33857.55674.83
30	3333	52287.87452.80337.56270.49720.97	50	2	30102.99956.63981.19521.37388.95

$$c = 2,71828.18284.59045.23536.02874.71$$
$$\frac{1}{c} = 0,36787.94411.71442.32159.55237.71$$
$$\text{Module } k = \log\, c = 0,43429.44819.03251.82765.11289.19$$
$$\frac{1}{k} = \log_c 10 = 2,30258.50929.94045.68401.79914.55$$
$$\log\, k = 9,63778.43113.00536.78912.29674.99$$
$$\log\, 2k = 9,93881.43069.64517.98433.67063.93$$

I (Suite).

RECHERCHE DU LOGARITHME.

RÉCIPROQUES ET LOGARITHMES DES RÉCIPROQUES DES NOMBRES NATURELS DE 1 À 110.

a	$\frac{1}{a}$	Log $\left(\frac{1}{a}\right)$	a	$\frac{1}{a}$	Log $\left(\frac{1}{a}\right)$
51	1961	29242.98239.02063.63416.48022.02	81	1235	09151.49811.21350.25081.98883.87
52	1923	28399.66563.65200.84036.60170.53	82	1220	08618.61476.16283.31027.68492.55
53	1887	27572.41303.99210.95436.70077.08	83	1205	08092.19676.23926.09616.72396.48
54	1852	26760.62401.77031.49290.11773.96	84	1190	07572.07139.38118.34156.52780.49
55	1818	25963.73105.05756.15446.35389.23	85	1176	07058.10742.85707.26667.35699.00
56	1786	25181.19729.93799.58364.65670.57	86	1163	06550.15487.56432.27838.11729.52
57	1754	24412.51443.27508.60116.86386.21	87	1149	06048.07473.81381.47537.21253.34
58	1724	23657.20064.37062.71745.34143.42	88	1136	05551.73278.49831.37360.85833.45
59	1695	22914.79883.57855.80973.93436.15	89	1124	05060.99933.55087.21527.64566.30
60	1667	22184.87496.16356.36749.12332.02	90	1111	04575.74905.60675.12540.99441.93
61	1639	21467.01649.89232.96611.42514.86	91	1099	04095.86076.78906.40008.12785.83
62	1613	20760.83105.01746.12511.95570.05	92	1087	03621.21726.54444.73070.47450.98
63	1587	20065.94505.46418.29469.77279.35	93	1075	03151.70514.46064.88303.82079.97
64	1562	19382.00260.16112.82871.75666.32	94	1064	02687.21464.00301.34037.20417.06
65	1538	18708.66433.57144.42600.72337.37	95	1053	02227.63947.11152.23367.74054.19
66	1515	18045.60044.58131.32674.10332.31	96	1042	01772.87669.60431.58663.62776.23
67	1493	17392.51972.99173.56585.08683.71	97	1031	01322.82657.33755.14821.56381.88
68	1471	16749.10872.93763.68103.23523.16	98	1020	00877.39243.07505.14336.18285.88
69	1449	16115.09092.62744.68383.71949.84	99	1010	00436.48054.02450.08465.97442.22
70	1429	15490.19599.85743.16928.77837.41	100	1	0
71	1408	14874.16512.80924.71390.71705.65	101	9901	99567.86262.17357.42572.48118.22
72	1389	14206.75035.68731.53976.87275.09	102	9804	99139.98282.38082.43895.10633.08
73	1370	13667.71398.79544.09892.56131.00	103	9709	98716.27752.94827.79482.89288.05
74	1351	13076.82802.69023.80797.78104.16	104	9615	98296.66607.01219.64515.22781.58
75	1333	12493.87366.08299.95313.24498.86	105	9524	97881.07009.30061.92720.64947.33
76	1316	11918.64077.19208.64803.61887.35	106	9434	97469.41347.35229.75915.32688.14
77	1299	11350.92748.27518.12853.75837.70	107	9346	97061.62223.14790.35916.54587.61
78	1282	10790.53973.09519.59828.47280.44	108	9259	96657.62445.13050.29768.74385.01
79	1266	10237.29087.09558.57200.51786.14	109	9174	96257.35020.59376.36479.94866.92
80	125	09691.00130.08056.41435.87833.16	110	9091	95860.73148.41774.95924.98000.29

II

RECHERCHE DU LOGARITHME.

NOMBRE.	$-\log\left(1 - \dfrac{a}{10^n}\right)$	NOMBRE.	$-\log\left(1 - \dfrac{a}{10^n}\right)$
$1{,}0\ \dot9$	0,0 4095.86076.78906.40008.12785.83	$1{,}0^{5}\overline{9}$	0,0⁵39086.67926.16131.78020.18
8	3621.21726.54444.73070.47450.98	8	34743.69752.72355.55615.66
7	3151.70514.46064.88303.82670.97	7	30400.72013.58722.40196.79
6	2687.21464.00301.34037.20417.06	6	26057.74708.75145.45678.49
5	2227.63947.11152.23367.74054.19	5	21714.77838.21537.86001.75
4	1772.87669.60431.58663.62776.23	4	17371.81401.97812.75133.61
3	1322.82657.33755.14821.56381.88	3	13028.85400.03883.27067.18
2	0,0² 877.39243.07505.14336.18285.88	2	0,0⁶ 8685.89832.39662.55821.62
1	436.48054.02450.08465.97442.22	1	4342.94699.05063.75442.13
$1{,}0^{2}\overline{9}$	0,0² 392.63455.14724.67163.55656.21	$1{,}0^{6}\overline{9}$	0,0⁶ 3908.65209.60229.73493.33
8	348.83278.45821.34426.46014.26	8	3474.35724.49690.97907.98
7	305.07515.04618.82409.68314.89	7	3040.06243.73447.40000.14
6	261.36156.02686.68798.12154.12	6	2605.76767.31498.91083.93
5	217.69192.54274.54511.37171.10	5	2171.47295.23845.42473.42
4	174.06615·76301.26844.47339.55	4	1737.17827.50486.85482.72
3	130.48416.88344.28011.86282.97	3	1302.88364.11423.11425.93
2	0,0³ 86.94587.12628.89062.03560.69	2	0,0⁷ 868.58905.06654.11617.14
1	43.45117.74017.69130.04656.01	1	434.29450.36179.77370.46
$1{,}0^{3}\overline{9}$	0,0⁴ 39.10410.28582.94304.45669.94	$1{,}0^{7}\overline{9}$	0,0⁷ 390.86505.13018.54217.30
8	34.75746.33920.90231.67184.25	8	347.43559.94200.25624.22
7	30.41125.89160.76147.34971.46	7	304.00614.79724.91582.53
6	26.06548.93431.97427.76940.46	6	260.57669.69592.52083.54
5	21.72015.45864.25579.96912.24	5	217.14724.03803.07118.57
4	17.37525.45587.58231.28918.96	4	173.71779.62356.56678.94
3	13.03078.91732.19118.92026.02	3	130.28834.65253.00755.95
2	0,0⁴ 8.68675.83428.58079.45676.92	2	0,0⁸ 86.85889.72492.39340.92
1	4.34316.19807.51038.45560.44	1	43.42944.84074.72425.16
$1{,}0^{4}\overline{9}$	0,0⁴ 3.90882.62369.48505.57891.65	$1{,}0^{8}\overline{9}$	0,0⁸ 39.08650.35471.81930.71
8	3.47449.48368.72627.56562.27	8	34.74355.86912.34381.16
7	3.04016.77804.36523.36654.48	7	30.40061.38396.29776.50
6	2.60584.50675.53314.53910.58	6	26.05766.89923.68116.71
5	2.17152.66981.36125.24722.49	5	21.71472.41494.49401.80
4	1.73721.26720.98082.26121.40	4	17.37177.93108.73631.75
3	1.30290.29893.52314.95767.29	3	13.02883.44766.40806.55
2	0,0⁵ 86859.76498.11955.31938.54	2	0,0⁹ 8.68588.96467.50926.20
1	43429.66533.90137.93521.40	1	4.34294.48212.03990.69

II (Suite).

<table>
<tr><th colspan="4" align="center">RECHERCHE DU LOGARITHME.</th></tr>
<tr><th>NOMBRE.</th><th>$- \log \left(1 - \dfrac{n}{10^a} \right)$</th><th>NOMBRE.</th><th>$- \log \left(1 - \dfrac{n}{10^a} \right)$</th></tr>
<tr><td>$1,0^9 \bar{9}$</td><td>$0,0^9$ 3.90865.03388.88159.10</td><td>$1,0^{12}9$</td><td>$0,0^{12}$390.86503.37131.03</td></tr>
<tr><td>8</td><td>3.47435.58566.15756.96</td><td>8</td><td>347.43558.55227.41</td></tr>
<tr><td>7</td><td>3.04006.13743.86784.27</td><td>7</td><td>304.00613.73323.83</td></tr>
<tr><td>6</td><td>2.60576.68922.01241.03</td><td>6</td><td>260.57668.91420.29</td></tr>
<tr><td>5</td><td>2.17147.24100.59127.24</td><td>5</td><td>217.14724.09516.80</td></tr>
<tr><td>4</td><td>1.73717.79279.60442.90</td><td>4</td><td>173.71779.27613.35</td></tr>
<tr><td>3</td><td>1.30288.34459.05188.00</td><td>3</td><td>130.28834.45709.95</td></tr>
<tr><td>2</td><td>$0,0^{10}$ 86858.89638.93362.55</td><td>2</td><td>$0,0^{13}$ 86.85889.63806.59</td></tr>
<tr><td>1</td><td>43429.44819.24966.55</td><td>1</td><td>43.42944.81903.27</td></tr>
<tr><td>$1,0^{10}9$</td><td>$0,0^{10}$ 39086.50337.30515.57</td><td>$1,0^{12}\bar{9}$</td><td>$0,0^{13}$ 39.08650.33712.94</td></tr>
<tr><td>8</td><td>34743.55855.36498.89</td><td>8</td><td>34.74355.85522.62</td></tr>
<tr><td>7</td><td>30400.01373.42916.49</td><td>7</td><td>30.40061.37332.29</td></tr>
<tr><td>6</td><td>26057.66891.49768.40</td><td>6</td><td>26.05766.89141.96</td></tr>
<tr><td>5</td><td>21714.72409.57054.59</td><td>5</td><td>21.71472.40951.63</td></tr>
<tr><td>4</td><td>17371.77927.64775.09</td><td>4</td><td>17.37177.92761.30</td></tr>
<tr><td>3</td><td>13028.83445.72929.87</td><td>3</td><td>13.02883.44570.98</td></tr>
<tr><td>2</td><td>$0,0^{11}$ 8685.88963.81518.95</td><td>2</td><td>$0,0^{14}$ 8.68588.96380.65</td></tr>
<tr><td>1</td><td>4342.94481.90542.33</td><td>1</td><td>4.34294.48190.33</td></tr>
<tr><td>$1,0^{11}\bar{9}$</td><td>$0,0^{11}$ 3908.65033.71468.55</td><td></td><td></td></tr>
<tr><td>8</td><td>3474.35585.52399.12</td><td></td><td></td></tr>
<tr><td>7</td><td>3040.06137.33334.03</td><td></td><td></td></tr>
<tr><td>6</td><td>2605.76689.14273.28</td><td></td><td></td></tr>
<tr><td>5</td><td>2171.47240.95216.88</td><td></td><td></td></tr>
<tr><td>4</td><td>1737.17792.76164.82</td><td></td><td></td></tr>
<tr><td>3</td><td>1302.88344.57117.10</td><td></td><td></td></tr>
<tr><td>2</td><td>$0,0^{12}$ 868.58896.38073.72</td><td></td><td></td></tr>
<tr><td>1</td><td>434.29448.19034.69</td><td></td><td></td></tr>
</table>

III

RECHERCHE DES LOGARITHMES ET DES NOMBRES.

RECHERCHE DU LOGARITHME. $\mathrm{Log}\,(1+\theta)=k\theta$				RECHERCHE DU LOGARITHME. $\mathrm{Log}\,(1+\theta)=k\theta$			
θ	$k\theta$	θ	$k\theta$	θ	$k\theta$	θ	$k\theta$
11	4,77723.93009.36	36	15,63460.13485.17	61	26,49196.33960.98	86	37,34932.54436.8(
12	5,21153.37828.39	37	16,06889.58304.20	62	26,92625.78780.02	87	37,78361.99255.8:
13	5,64582.82647.42	38	16,50319.03123.24	63	27,36055.23599.05	88	38,21791.44074.8(
14	6,08012.27466.46	39	16,93748.47942.27	64	27,79484.68418.08	89	38,65220.88893.89
15	6,51441.72285.49	40	17.37177.92761.30	65	28,22914.13237.11	90	39,08650.33712.9:
16	6,94871.17104.52	41	17,80607.37580.33	66	28,66343.58056.15	91	39,52079.78531.9(
17	7,38300.61923.55	42	18,24036.82399.37	67	29,09773.02875.18	92	39,95509.23350.9!
18	7,81730.06742.59	43	18,67466.27218.40	68	29,53202.47694.21	93	40,38938.68170.0:
19	8,25159.51561,62	44	19,10895.72037.43	69	29,96631.92513.24	94	40,82368.12989.0(
20	8,68588.90380.65	45	19,54325.16856.46	70	30,40061.37332.28	95	41,25797.57808.0!
21	9,12018.41199.68	46	19,97754.61675.50	71	30,83490.82151.31	96	41,69227.02627.1!
22	9,55447.86018.72	47	20,41184.06494.53	72	31,26920.26970.34	97	42,12656.47446.1!
23	9,98877.30837.75	48	20,84613.51313.56	73	31,70349.71789.37	98	42,56085.92265.1!
24	10,42306.75656.78	49	21,28042.96132.59	74	32,13779.16608.41	99	42,99515.37084.2:
25	10,85736.20475.81	50	21,71472.40951.63	75	32,57208.61427.44	100	43,42944.81903.2!
26	11,29165.65294.85	51	22,14901.85770.66	76	33,00638.06246.47	101	43,86374.26722.28
27	11,72595.10113.88	52	22,58331.30589.69	77	33,44067.51065.50	102	44,29803.71541.32
28	12,16024.54932.91	53	23,01760.75408.72	78	33,87496.95884.54	103	44,73233.16360.35
29	12,59453.99751.94	54	23,45190.20227.76	79	34,30926.40703.57	104	45,16662.61179.38
30	13,02883.44570.98	55	23,88619.65046.79	80	34.74355.85522.60	105	45,60092.05998.41
31	13,46312.89390.01	56	24,32049.09865.82	81	35,17785.30341.63	106	46,03521.50817.45
32	13,89742.34209.04	57	24,75478.54684.85	82	35,61214.75160.67	107	46,46950.95636.48
33	14,33171.79028.07	58	25,18907.99503.89	83	36,04644.19979.70	108	46,90380.40455.51
34	14,76601.23847.11	59	25,62337.44322.92	84	36,48073.64798.73	109	47,33809.85274.5(
35	15,20030.68666.14	60	26,05766.89141.95	85	36,91503.09617.76	110	47,77239.30093.58

III

III (Suite).

RECHERCHE DES LOGARITHMES ET DES NOMBRES.

RECHERCHE DU NOMBRE.				RECHERCHE DU NOMBRE.			
$\text{Log } x = \theta$		$x = 1 + \frac{\theta}{k}$		$\text{Log } x = \theta$		$x = 1 + \frac{\theta}{k}$	
θ	$\frac{\theta}{k}$	θ	$\frac{\theta}{k}$	θ	$\frac{\theta}{k}$	θ	$\frac{\theta}{k}$
1	25,32843.60229.35	36	82,89306.33477.86	61	140,45769,06726.37	86	198,02231.79974.88
2	27,63102.11159.29	37	85,19564.84407.80	62	142,76027.57656.31	87	200,32490.30904.82
3	29,93360.62089.23	38	87,49823.35337.74	63	145,06286.08586.25	88	202,62748.81834.76
4	32,23619.13019.17	39	89,80081.86267.68	64	147,36544.59516.19	89	204,93007.32764.70
5	34,53877.63949.11	40	92,10340.37197.62	65	149,66803.10446.13	90	207,23265.83694.64
6	36,84136.14879.05	41	94,40598.88127.56	66	151,97061.61376.07	91	209,53524.34624.58
7	39,14394.65808.99	42	96,70857.39057.50	67	154,27320.12306.01	92	211,83782.85554.52
8	41,44653.16738.93	43	99,01115.89987.44	68	156,57578.63235.95	93	214,14041.36484.46
9	43,74911.67668.87	44	101,31374.40917.38	69	158,87837.14165.89	94	216,44299.87414.40
10	46,05170.18598.81	45	103,61632.91847.32	70	161,18095.65095.83	95	218,74558.38344.34
11	48,35428.69528.75	46	105,91891.42777.26	71	163,48354.16025.77	96	221,04816.89274.28
12	50,65687.20458.69	47	108,22149.93707.20	72	165,78612.66955.71	97	223,35075.40204.22
13	52,95945.71388.63	48	110,52408.44637.14	73	168,08871.17885.65	98	225,65333.91134.16
14	55,26204.22318.57	49	112,82666.95567.08	74	170,39129.68815.59	99	227,95592.42064.11
15	57,56462.73248.51	50	115,12925.46497.02	75	172,69388.19745.53	100	230,25850.92994.05
16	59,86721.24178.45	51	117,43183.97426.96	76	174,99646.70675.47	101	232,56109.43923.99
17	62,16979.75108.39	52	119,73442.48356.90	77	177,29905·21605.42	102	234,86367.94853.93
18	64,47238.26038.33	53	122,03700.99286.84	78	179,60163.72535.36	103	237,16626.45783.87
19	66,77496.76968.27	54	124,33959.50216.78	79	181,90422.23465.30	104	239,46884.96713.81
20	69,07755.27898.21	55	126,64218.01146.73	80	184,20680.74395.24	105	241,77143.47643.75
21	71,38013.78828.15	56	128,94476.52076.67	81	186,50939.25325.18	106	244,07401.98573.69
22	73,68272.29758.09	57	131,24735.03006.61	82	188,81197.76255.12	107	246,37660.49503.63
23	75,98530.80688.04	58	133,54993.53936.55	83	191,11456.27185.06	108	248,67919.00433.57
24	78,28789.31617.98	59	135,85252.04866.49	84	193,41714.78115.00	109	250,98177.51363.51
25	80,59047.82547.92	60	138,15510.55796.43	85	195,71973.29044.94	110	253,28436.02293.45

IV

RECHERCHE DU NOMBRE.

NOMBRE.	$\mathrm{Log}\left(1+\dfrac{a}{10^{n}}\right)$	NOMBRE.	$\mathrm{Log}\left(1+\dfrac{a}{10^{n}}\right)$
$1,0\,9$	0,0 3742.64979.40623.63520.05133.08	$1,0^{5}9$	0,0⁵39086.32748.30828.22139.17
8	3342.37554.86949.70231.25614.99	8	34743.41957.87671.28640.14
7	2938.37776.85209.64083.45412.39	7	30400.50733.15761.02389.69
6	2530.58652.64770.24084.67311.86	6	26057.59074.15010.57693.60
5	2118.92990.69938.07279.35052.67	5	21714.66980.85333.08831.62
4	1703.33392.98780.35484.77218.42	4	17371.74453.26641.70057.42
3	1283.72247.05172.20517.10711.95	3	13028.81491.38849.55598.63
2	$0,0^{2}$ 860.01717.61917.56104.89366.92	2	$0,0^{6}$ 8685.88095.21869.79656.80
1	432.13737.82642.57427.51881.78	1	4342.04264.75615.56407.44
$1,0^{2}9$	$0,0^{2}$ 389.11662.36910.52171.52813.17	$1,0^{6}9$	$0,0^{6}$ 3908.64857.82376.70075.57
8	346.05321.09506.48615.72276.44	8	3474.35446.54844.13720.27
7	302.94705.53618.00716.93257.67	7	3040.06030.93017.78673.69
6	259.79807.19908.59231.19629.85	6	2605.76610.96897.56231.94
5	216.60617.56507.67623.04206.38	5	2171.47186.66483.37715.16
4	173.37128.09000.52976.80271.06	4	1737.17758.01775.14437.46
3	130.09330.20418.11880.08262.79	3	1302.88325.02772.77712.98
2	$0,0^{3}$ 86.77215.31226.91249.28427.08	2	$0,0^{7}$ 868.58887.69476.18855.84
1	43.40774.79318.64066.89213.88	1	434.29446.01885.29180.14
$1,0^{3}9$	$0,0^{3}$ 39.06892.49910.13102.88642.23	$1,0^{7}9$	$0,0^{7}$ 390.86501.61240.01183.14
8	34.72966.85363.54068.77050.93	8	347.43557.16251.78782.41
7	30.38997.84812.49181.05176.68	7	304.00612.66920.61969.27
6	26.04985.47390.34681.78546.11	6	260.57668.13246.50735.02
5	21.70929.72230.20828.19128.84	5	217.14723.55229.45070.99
4	17.36830.58464.91882.26381.53	4	173.71778.92869.44968.48
3	13.02688.05227.06100.37808.72	3	130.28834.26166.50418.82
2	$0,0^{4}$ 8.68502.11648.95722.88997.98	2	$0,0^{8}$ 86.85889.55120.61413.30
1	4.34272.76862.66963.73135.28	1	43.42944.79731.77943.26
$1,0^{4}9$	$0,0^{4}$ 3.90847.44584.16739.24188.05	$1,0^{8}9$	$0,0^{8}$ 39.08650.31954.03400.37
8	3.47421.68884.03320.04935.02	8	34.74355.84132.85912.74
7	3.03995.49761.39869.40262.21	7	30.40061.36268.25480.37
6	2.60568.87215.39547.94562.29	6	26.05766.88360.22103.23
5	2.17141.81245.15513.71724.22	5	21.71472.40408.75781.33
4	1.73714.31849.80922.15122.78	4	17.37177.92413.86514.65
3	1.30286.39028.48926.07608.19	3	13.02883.44375.54303.18
2	$0,0^{5}$ 86858.02780.32675.71495.64	2	$0,0^{9}$ 8.68588.96293.79146.93
1	43429.23104.45318.68554.93	1	4.34294.48168.61045.87

IV (Suite).

RECHERCHE DU NOMBRE.

NOMBRE.	$\mathrm{Log}\left(1+\dfrac{a}{10^n}\right)$	NOMBRE.	$\mathrm{Log}\left(1+\dfrac{a}{10^n}\right)$
$1,0^9\,9$	$0,0^9$ 3.90865.03353.70373.80	$1,0^{12}\,9$	$0,0^{12}$ 390.86503.37127.51
8	3.47435.58538.36272.28	8	347.43558.55224.62
7	3.04006.13722.58741.31	7	304.00613.73321.70
6	2.60576.68906.37780.90	6	260.57668.91418.73
5	2.17147.24089.73391.04	5	217.14724.09515.72
4	1.73717.79272.65571.73	4	173.71779.27612.66
3	1.30288.34455.14322.97	3	130.28834.45709.56
2	$0,0^{10}$ 86858.89637.19644.76	2	$0,0^{13}$ 86.85889.63806.42
1	43429.44818.81537.10	1	43.42944.81903.23
$1,0^{10}\,9$	$0,0^{10}$ 39086.50336.95337.72	$1,0^{13}\,9$	$0,0^{13}$ 39.08650.33712.91
8	34743.55855.08704.04	8	34.74355.85522.59
7	30400.61373.21636.06	7	30.40061.37332.27
6	26057.66891.34133.80	6	26.05766.89141.94
5	21714.72409.46197.23	5	21.71472.40951.62
4	17371.77927.57826.38	4	17.37177.92761.30
3	13028.83445.69021.22	3	13.02883.44570.97
2	$0,0^{11}$ 8685.88963.79781.78	2	$0,0^{14}$ 8.68588.96380.65
1	4342.94481.90108.04	1	4.34294.48190.32
$1,0^{11}\,9$	$0,0^{11}$ 3908.65033.71116.78		
8	3474.35585.52121.17		
7	3040.06137.33121.23		
6	2605.76689.14116.94		
5	2171.47240.95108.30		
4	1737.17792.76095.33		
3	1302.88344.57078.01		
2	$0,0^{12}$ 868.58896.38056.35		
1	434.29448.19030.35		

V

RECHERCHE DU NOMBRE.

a	Log a	a	Log a
1	0	21	32221.92947.33919.26800.72441.62
2	30102.99956.63981.19521.37388.95	22	34242.26808.22206.23596.39388.66
3	47712.12547.19662.43729.50279.03	23	36172.78360.17592.87886.77771.12
4	60205.99913.27962.39042.74777.89	24	38021.12417.11606.02293.62445.87
5	69897.00043.36018.80478.62611.05	25	39794.00086.72037.60957.25222.11
6	77815.12503.83643.63250.87667 98	26	41497.33479.70817.96442.02440.53
7	84509.80400.14256.83071.22162.59	27	43136.37641.58987.31188.50837.10
8	90308.99869.91943.58564.12166.84	28	44715.80313.42219.22113.96940.48
9	95424.25094.39324.87459.00558.07	29	46239.79978.08956.08733.28467.03
10	0	30	47712.12547.19662.43729.50279.03
11	04139.26851.58225.04075.01999.71	31	49136.16938.34272.67966.67041.00
12	07918.12460.47624.82772.25056.93	32	50514.99783.19905.97600.86944.74
13	11394.33523.06836.76920.65051.58	33	51851.39398.77887.47804.52278.74
14	14612.80356.78238.02592.59551.53	34	53147.89170.42255.12375.39087.89
15	17609.12590.55681.24208.12890.09	35	54406.80443.50275.63549.84773.64
16	20411.99826.55924.78085.49555.79	36	55630.25007.07287.26501.75335.96
17	23044.89213.78273.92854.01698.94	37	56820.17240.66994.99680.84506.90
18	25527.25051.03306.06980.37947.01	38	57978.35966.16810.15675.00723.70
19	27875.36009.52828.96153.63334.76	39	59106.46070.26499.20650.15330.61
20	30102.99956.63981.19521.37388.95	40	60205.99913.27962.39042.74777.89

$$\pi = 3,14159.26535.89793.23846.26433.83$$

$$\frac{1}{\pi} = 0,31830.98861.83790.67153.77675.27$$

$$\pi^2 = 9,86960.44010.89358.61883.44910.00$$

$$\sqrt{\pi} = 1,77245.38509.05516.02729.81674.83$$

$$\mathrm{Log}\,\pi = 0,49714.98726.94133.85435.12682.88$$

V (Suite).

RECHERCHE DU NOMBRE.

a	Log a	a	Log a
41	61278.38567.19735.49450.94118.50	71	85125.83487.19075.28609.28294.35
42	62324.92903.97900.46322.09830.57	72	85733.24964.31268.46023.12724.91
43	63346.84555.79586.52640.50881.53	73	86332.28601.20455.90107.43869.00
44	64345.26764.86187.43117.76777.61	74	86923.17197.30976.19202.21895.84
45	65321.25137.75343.67937.61369.12	75	87506.12633.91700.04686.75501.14
46	66275.78316.81574.07408.15160.07	76	88081.35922.80791.35196.38112.65
47	67209.78579.35717.46441.42193.99	77	88649.07251.72481.87146.24162.30
48	68124.12373.75587.21814.99834.82	78	89209.46026.90480.40171.52719.56
49	69019.60800.28513.66142.44325.17	79	89762.70912.90441.42799.48213.86
50	69897.00043.36018.80478.62611.05	80	90308.99869.91943.58564.12166.84
51	70757.01760.97936.36583.51977.98	81	90848.50188.78649.74918.01116.13
52	71600.33436.34799.15963.39829.47	82	91381.38523.83716.68972.31507.45
53	72427.58696.00789.04563.29922.92	83	91907.80923.76073.90383.27603.52
54	73239.37598.22968.50709.88226.04	84	92427.92860.61881.65843.47219.51
55	74036.26894.94243.84553.64610.77	85	92941.89257.14292.73332.64310.00
56	74818.80270.06200.41635.34329.43	86	93449.84512.43567.72161.88270.48
57	75587.48556.72491.39883.13613.79	87	93951.92526.18618.52462.78746.66
58	76342.79935.62037.28254.65856.58	88	94448.26721.50168.62639.14166.55
59	77085.20116.42144.19026.06563.85	89	94939.00066.44912.78472.35433.70
60	77815.12503.83643.63250.87667.98	90	95424.25094.39324.87459.00558.07
61	78532.98350.10767.03388.57485.14	91	95904.13923.21093.59991.87214.17
62	79239.16894.98253.87488.04429.95	92	96378.78273.45555.26929.52549.02
63	79934.05494.53581.70530.22720.65	93	96848.29485.53935.11696.17320.03
64	80617.99739.83887.17128.24333.68	94	97312.78535.99698.65962.79582.94
65	81291.33566.42855.57399.27662.63	95	97772.36052.88847.76632.25045.81
66	81954.39355.41868.67325.89667.69	96	98227.12330.39568.41336.37223.77
67	82607.48027.00826.43414.91316.29	97	98677.17342.66244.85178.43618.12
68	83250.89127.06236.31896.76476.84	98	99122.60756.92494.85663.81714.12
69	83884.90907.37255.31616.28050.16	99	99563.51945.97549.91534.02557.78
70	84509.80400.14256.83071.22162.59	100	0

VI

LOGARITHMES DES FACTORIELLES.

SOMMES DES LOGARITHMES DES NOMBRES NATURELS.				SOMMES DES LOG. DES NOMBRES IMPAIRS.	
n	Log $(1.2.3\ldots\ldots n)$	n	Log $(1.2.3\ldots\ldots n)$	$2n-1$	Log $[1.3.5.7\ldots\ldots(2n-1)]$
1	0,0	31	33,91502.17687.59992.30990	1	0,0
2	0,30102.99956.63981.19521	32	35,42017.17470.79898.28597	3	0,47712.12547.19662.4373
3	0,77815.12503.83643.63251	33	36,93868.56869.57785.76401	5	1,17609.12590.55681.2420
4	1,38021.12417.11606.00294	34	38,47016.46040.00040.88777	7	2,02118.92990.69938.0727
5	2,07918.12460.47624.82772	35	40,01423.26483.50316.52326	9	2,97543.18085.09262.9473
6	2,85733.24964.31268.46023	36	41,57053.51491.17603.78828	11	4,01682.44936.67487.9881
7	3,70243.05364.45525.29094	37	43,13873.68731.84598.78509	13	5,13076.78459.74324.7573
8	4,60552.05234.37468.87658	38	44,71852.04698.01408.94184	15	6,30685.91050.30005.9994
9	5,55976.30328.76793.75117	39	46,30958.50768.27908.14834	17	7,53730.80264.08279.9279
10	6,55976.30328.76793.75117	40	47,91164.50681.55870.53877	19	8,81606.10273.61108.8895
11	7,60115.57180.35018.79192	41	49,52442.89248.75606.03328	21	10,13828.09220.05028.1575
12	8,68033.69640.82643.61965	42	51,14767.82152.73506.49650	23	11,50000.87581.12621.0363
13	9,79428.03163.89480.38885	43	52,78114.66708.53093.02290	25	12,89794.87667.84658.6459
14	10,94040.83520.67718.41478	44	54,42459.93473.39280.45408	27	14,32931.25309.43645.9578
15	12,11649.96111.23399.65686	45	56,07781.18611.14624.13346	29	15,79171.05288.42602.0451
16	13,32061.95937.79324.43772	46	57,74056.96927.96198.20754	31	17,28307.22226.76874.7248
17	14,55106.85151.57598.30626	47	59,41266.75507.31915.67195	33	18,80158.61625.54762.2028
18	15,80634.10202.60904.43606	48	61,09390.87881.07502.89010	35	20,34565.42069.05037.8383
19	17,08509.46212.13733.39760	49	62,78410.48681.36016.55153	37	21,91385.59309.72032.8351
20	18,38612.46168.77714.59281	50	64,48307.48724.72035.35631	39	23,50492.05379.98532.0416
21	19,70834.39116.11633.86082	51	66,19064.50485.69971.72215	41	25,11770.43947.18267.5361
22	21,05076.65924.33840.09678	52	67,90664.83922.04770.88178	43	26,75117.28502.97854.0626
23	22,41249.44284.51432.97565	53	69,63092.42618.05559.92742	45	28,40438.53640.73197.7419
24	23,79270.56701.63038.99859	54	71,36331.80216.28528.43452	47	30,07648.32220.08915.2063
25	25,19064.56788.35076.60816	55	73,10368.07111.22722.28005	49	31,76667.93020.37428.8678
26	26,60561.90268.05894.57258	56	74,85186.87381.28972.69641	51	33,47424.94781.35365.2330
27	28,03698.27009.64881.88446	57	76,60774.35938.01464.09524	53	35,19852.53477.36154.2792
28	29,48414.08223.07101.10560	58	78,37117.15873.64401.37778	55	36,93888.80372.30398.1248
29	30,94653.88202.06057.19294	59	80,14202.35990.06545.56804	57	38,69476.28929.02889.5236
30	32,42366.00749.25719.63023	60	81,92017.48493.90189.20055	59	40,46561.49045.45033.7130

VI (Suite).

LOGARITHMES DES FACTORIELLES.

SOMMES DES LOGARITHMES DES NOMBRES NATURELS.				SOMMES DES LOG. DES NOMBRES IMPAIRS.	
n	Log $(1.2.3\ldots n)$	n	Log $(1.2.3\ldots n)$	$2n-1$	Log $[1.3.5.7\ldots(2n-1)]$
51	83,70550.46844.00956.23444	81	120,76321.27413.78242.40739	61	42,25094.47395.55800.74780
52	85,49789.63783.99210.10932	82	122,67702.65937.61959.09712	63	44,05028.52890.09382.45310
53	87,29723.69233.52791.81462	83	124,59610.46861.38033.00095	65	45,86319.86456.52238.02709
54	89,10341.68973.36078.98590	84	126,52038.39721.99914.65938	67	47,68927.34483.53064.46124
55	90,91633.02539.79534.55990	85	128,44980.28979.14207.39271	69	49,52812.25390.90319.77740
56	92,73587.41895.21403.23316	86	130,38430.13491.57775.11433	71	51,37938.08878.09395.06350
57	94,56194.89922.22229.66730	87	132,32382.06017.76393.68896	73	53,24270.37479.29850.96457
58	96,39445.79049.28465.98627	88	134,26830.32739.26562.26535	75	55,11776.50113.21551.01144
59	98,23330.69956.65721.30244	89	136,21769.32805.71475.05007	77	57,00425.57364.94032.88290
70	100,07840.50356.79978.13315	90	138,17193.57900.10799.92466	79	58,90188.28277.84474.31089
71	101,92966.33843.99053.41924	91	140,13097.71823.31893.52458	81	60,81036.78466.63124.06007
72	103,78699.58808.30321.87947	92	142,09476.50096.77448.79388	83	62,72944.59390.39197.96391
73	105,65031.87409.50777.78055	93	144,06324.79582.31383.91084	85	64,65886.48647.53490.69723
74	107,51955.04606.81753.97257	94	146,03637.58118.31082.57047	87	66,59838.41173.72109.22186
75	109,39461.17240.73454.01944	95	148,01409.94171.19930.33679	89	68,54777.41240.17022.00659
76	111,27542.53163.54245.37140	96	149,99637.06501.59498.75015	91	70,50681.55163.38115.60650
77	113,16191.60415.26727.24286	97	151,98314.23844.25743.60194	93	72,47529.84648.92050.72347
78	115,05401.06442.17207.64458	98	153,97436.84601.18238.45857	95	74,45302.20701.80898.48979
79	116,95163.77355.07649.07257	99	155,97000.36547.15788.37391	97	76,43979.38044.47143.34157
80	118,85472.77224.99592.65821	100	157,97000.36547.15788.37391	99	78,43542.89990.44693.25691

$$c^x = \left(1 + \frac{x}{n}\right)^n$$

$$\text{Log } x = n\left(\sqrt[n]{x} - 1\right)$$

$$c^x = 1 + x + \frac{x^2}{(2)} + \frac{x^3}{(3)} + \cdots$$

$$a^x = 1 + \frac{x}{k} + \frac{1}{(2)} \cdot \frac{x^2}{k^2} + \frac{1}{(3)} \cdot \frac{x^3}{k^3} + \cdots$$

k étant le module et n un nombre infini.

VII

LOGARITHMES
POUR LES CALCULS D'INTÉRÊT COMPOSÉ ET D'ANNUITÉS.

r	Log r	r	Log r
100	0	103	01283.72247.05172.20517.10711.95
1/8	00054.25290.92294.07367.23824.92	1/8	01336.39615.57981.50107.65334.01
1/4	00108.43812.92219.91611.71633.59	1/4	01389.00603.28438.63054.53948.54
3/8	00162.55582.86737.35618.33701.88	3/8	01441.55225.60603.08507.04505.00
1/2	00216.60617.56507.67623.04206.38	1/2	01494.03497.92936.55824.40940.24
5/8	00270.58933.75924.92872.50377.92	5/8	01546.45435.58329.96747.39201.04
3/4	00324.50548.13147.05844.57314.69	3/4	01598.81053.84130.31819.15436.68
7/8	00378.35477.30126.83174.10397.35	7/8	01651.10367.92167.40543.15675.39
101	00432.13737.82642.57427.51881.78	104	01703.33392.98780.35484.77218.42
1/8	00485.85346.20328.71868.24118.62	1/8	01755.50144.14844.00432.33857.27
1/4	00539.50318.86706.16353.88949.29	1/4	01807.60636.45795.12732.39833.10
3/8	00593.08672.19212.44504.91141.64	3/8	01859.64884.91658.49912.91203.31
1/2	00646.60422.49231.72283.13241.27	1/2	01911.62904.47072.80707.27945.52
5/8	00700.05586.02124.58117.49914.14	5/8	01963.54710.01316.40591.05711.26
3/4	00753.44178.97257.64713.11728.71	3/4	02015.40316.38332.91942.32618.10
7/8	00806.76217.48033.02678.51358.57	7/8	02067.19738.36756.68935.73845.43
102	00860.01717.61917.56104.89366.92	105	02118.92990.69938.07279.35052.67
1/8	00913.20695.40471.90230.02049.45	1/8	02170.60088.05968.58902.44768.42
1/4	00966.33166.79379.41318.20249.28	1/4	02222.21045.07705.91701.65891.34
3/8	01019.39147.68474.88886.75605.39	3/8	02273.75876.32798.74451.77291.35
1/2	01072.38653.91773.10408.19340.61	1/2	02325.24596.33711.46986.78192.35
5/8	01125.31701.27497.18616.28426.58	5/8	02376.67219.57748.75755.80547.37
3/4	01178.18305.48106.81543.04767.41	3/4	02428.03760.47079.94857.67974.17
7/8	01230.98482.20326.25412.64910.72	7/8	02479.34233.38763.32657.13995.17

$$\tfrac{1}{2} \log. \pi = 0{,}24857.49363.47066.92717.56341.44145.45$$

$$\tfrac{1}{2} \log. 2 = 0{,}15051.49978.31990.59760.68694.47362.25$$

$$\tfrac{1}{2} \log. 2\pi = 0{,}39908.99341.79057.52478.25035.91507.70$$

$$\tfrac{1}{2} \log. \frac{\pi}{2} = 0{,}09805.99385.15076.32956.87646.96783.20$$

$$k = 0{,}43429.44819.03251.82765.11289.18916.60508.22944$$

VII (Suite).

LOGARITHMES
POUR LES CALCULS D'INTÉRÊT COMPOSÉ ET D'ANNUITÉS.

r	Log r	r	Log r
106	02530.58652.64770.24084.67311.86	109	03742.64979.40623.63520.05133.08
1/8	02581.77032.52009.08721.27631.30	1/8	03792.42567.13626.14073.32009.34
1/4	02632.89387.22349.14768.52143.15	1/4	03842.14456.42459.44997.66327.99
3/8	02683.95730.92644.29003.50111.18	3/8	03891.80060.30369.65942.97828.90
1/2	02734.96077.74756.52817.41184.44	1/2	03941.41191.76137.14315.56759.09
5/8	02785.90441.75579.44435.71943.92	5/8	03990.96063.74096.93258.68111.54
3/4	02836.78836.97061.47417.04869.83	3/4	04040.45289.14158.98020.62633.61
7/8	02887.61277.36229.05527.14337.03	7/8	04089.88880.81828.30789.75697.32
107	02938.37776.85209.64083.45412.39	110	04139.26851.58225.04075.01999.71
1/8	02989.08349.31254.57865.13130.11	1/8	04188.59214.20104.32710.11511.05
1/4	03039.73008.56761.85682.42552.43	1/4	04237.85981.39876.14558.70105.34
3/8	03090.31768.39298.71698.73275.28	3/8	04287.07165.85624.99997.46886.89
1/2	03140.84642.51624.13597.76103.64	1/2	04336.22780.21129.50253.29361.58
5/8	03191.31644.61711.17687.54393.28	5/8	04385.32837.05881.84670.07287.09
3/4	03241.72788.32769.21032.28025.37	3/4	04434.37348.95107.16980.26267.00
7/8	03292.08087.23266.00702.24141.86	7/8	04483.36328.39782.80655.52923.31
108	03342.37554.86949.70231.25614.99	111	04532.29787.86657.43410.34785.93
1/8	03392.61204.72870.63370.55746.80	1/8	04581.17739.78270.10931.79869.96
1/4	03442.79050.25403.05227.05886.60	1/4	04630.00196.52969.19908.23266.86
3/8	03492.91104.84266.70873.41510.08	3/8	04678.77170.44931.20428.90949.00
1/2	03542.97381.84548.31516.51814.64	1/2	04727.48673.84179.47826.14373.22
5/8	03592.97894.56722.88310.38046.74	5/8	04776.14718.96602.84030.93361.91
3/4	03642.92656.26674.93898.66579.82	3/4	04824.75318.03974.08512.49136.50
7/8	03692.81680.15719.61771.44201.03	7/8	04873.30483.23968.38871.54271.13

$$\mathrm{Log}\,(1 + x) = k \left(x - \frac{x^2}{2} + \frac{x^3}{3} - \frac{x^4}{4} + \cdots \right)$$

$$\mathrm{Log}\,\cdot\frac{x + 1}{x - 1} = 2k \left(\frac{1}{x} + \frac{1}{3x^3} + \frac{1}{5x^5} + \cdots \right)$$

$$\mathrm{Log}\,(x + d) = \log x + 2k \left[\frac{d}{2x + d} + \frac{1}{3} \left(\frac{d}{2x + d} \right)^3 + \cdots \right]$$

$$\mathrm{Log}\,x = \frac{1}{2} \left[\log\,(x + 1) + \log\,(x - 1) \right] + \frac{1}{4x} \left[\log\,(x + 1) - \log\,(x - 1) \right] + \frac{k}{3 \cdot 4x^4} + \frac{2k}{5 \cdot 6x^6} + \frac{3k}{7 \cdot 8x^8} + \cdots$$

PARIS.

CHEZ ARMAND ANGER, LIBRAIRE-ÉDITEUR,

LIBRAIRIE DES ASSURANCES,

RUE LAFFITTE, 48.